海空小目标图像增强及视觉检测

蒋永馨　毕京强　郑振宇　编著

国防工業出版社

·北京·

内 容 简 介

本书主要介绍了海空小目标图像增强及检测的意义和研究现状、图像增强及视觉目标检测基础知识、海空小目标特性分析、基于光照补偿的海空小图像增强方法、基于马尔科夫随机场前景分割的海空小目标检测方法、基于协作双混合高斯背景建模的海空小目标检测方法，以及基于深度学习的海空小目标尺度敏感分析检测方法等内容。

图书在版编目（CIP）数据

海空小目标图像增强及视觉检测 / 蒋永馨，毕京强，郑振宇编著. -- 北京 : 国防工业出版社，2025.5.

ISBN 978-7-118-13688-3

Ⅰ. TN919.8；TN911.73

中国国家版本馆 CIP 数据核字第 2025D6P443 号

※

国防工业出版社出版发行

（北京市海淀区紫竹院南路 23 号　邮政编码 100048）

北京虎彩文化传播有限公司印刷

新华书店经售

*

开本 710×1000　1/16　**插页** 2　**印张** 8¼　**字数** 150 千字

2025 年 5 月第 1 版第 1 次印刷　**印数** 1—1300 册　**定价** 70.00 元

国防书店：(010) 88540777　　书店传真：(010) 88540776

发行业务：(010) 88540717　　发行传真：(010) 88540762

前　　言

随着我国南海等地人工岛礁的开发，国外势力加强了对我国岛礁的监控。及时发现侵犯我岛礁的目标具有重要军事价值。本书便是针对岛礁周边或海上小目标的增强、检测展开研究。视频小目标检测和分析一直以来是计算机视觉领域的研究难点，国内外针对海上小目标研究的学术团体较少，作者自2005年便一直致力于海上小目标检测研究，是国内首批针对海上小目标进行检测的学者。基于深度学习的目标检测是目前的研究热点，本书给出了基于深度学习的低慢小目标尺度敏感分析检测方法，海上小目标检出率大于90%。可以进一步应用到无人机上，实现无人机对海面目标的自动侦察功能。

全书共七章。第一章阐述了海空小目标图像增强及检测的意义和研究现状，第二章介绍了图像增强及视觉目标检测基础知识，第三章分析了海空小目标特性，第四章介绍了基于光照补偿的海上小目标图像增强方法，第五章介绍了基于马尔可夫随机场前景分割的小目标检测方法，第六章介绍了基于协作双混合高斯背景建模的小目标检测方法，第七章介绍了基于深度学习的海空小目标尺度敏感分析检测方法。

目前，市场上基于视觉的目标检测图书较多，但是尚未有针对海空小目标检测的图书，本书内容具有重要的军事意义，也同样具备沿海石化企业海域管理、海监船海上执法等民用价值。

作　者
2024年10月

目　　录

第一章 概　　述

1.1 小目标的定义

不同场景对于小目标的定义各不相同，目前尚未形成统一的标准。现有的小目标定义方式主要分为两类，即基于相对尺度的定义与基于绝对尺度的定义。

1.1.1 基于相对尺度的定义

即从目标与图像的相对比例这一角度考虑对小目标进行定义。Chen 等[1]提出一个针对小目标的数据集，并对小目标做了如下定义：同一类别中所有目标实例的相对面积，即边界框面积与图像面积之比的中位数为 0.08%～0.58%。文中对小目标的定义也给出了更具体的说法，如在像素大小为 640×480 分辨率图像中，16×16～42×42 分辨率的目标应考虑为小目标。除了 Chen 等对小目标的定义方式以外，较为常见的还有以下几种：

（1）目标边界框的宽高与图像的宽高比例小于一定值，较为通用的比例值为 0.1；

（2）目标边界框面积与图像面积的比值开方小于一定值，较为通用的值为 0.03；

（3）根据目标实际覆盖像素与图像总像素之间比例来对小目标进行定义。

但是这些基于相对尺度的定义存在诸多问题，如这种定义方式难以有效评估模型对不同尺度目标的检测性能。此外，这种定义方式易受到数据预处理与模型结构的影响。

1.1.2 基于绝对尺度的定义

即从目标绝对像素大小这一角度考虑对小目标进行定义。目前最为通用的定义来自于目标检测领域的通用数据集——MS COCO 数据集[2]，将小目标定义为分辨率小于 32×32 分辨率的目标。对于为什么分辨率是 32×32，本文从两个方向进行了思考。一种思路来自于 Torralba 等[3]的研究，人类在图像上对于场景能有效识别需要的彩色图像像素大小为 32×32，即像素小于 32 像素×32 像素的目标人类都难以识别。另一种思路来源于深度学习中卷积神经网络本身的结构，以与 MS COCO 数据集第一部分同年发布的经典网络结构 VGG-Net[4]为例，从输入图像到全连接层的特征向量经过了 5 个最大池化层，这导致最终特征向量上的“一点”对应到输入图像上的像素大小为 32×32。于是，从特征提取的难度不同这一角度考虑，可以将 32×32 作为区分小目标与常规目标的一个界定标准。除了 MS COCO 之外，还有其他基于绝对尺度的定义，如在航空图像数据集 DOTA[5]与人脸检测数据集 WIDER FACE[6]中都将像素值范围在［10，50］之间的目标定义为小目标。在行人识别数据集 CityPersons[7]中，针对行人这一具有特殊比例的目标，将小目标定义为高度小于 75 像素的目标。基于航空图像的小行人数据集 TinyPerson[8]则将小目标定义为像素值范围在［20，32］之间的目标，而且进一步将像素值范围在［2，20］之间的目标定义为微小目标。

1.2 小目标图像增强及检测的意义

我国拥有大面积的领海，维护领海的资源安全、航运安全、渔业作业安全、领海巡航安全等，亟需现代化的海面监控手段。视频监控系统目前已成为智慧城市、智慧园区、智慧工厂运维的重要部分。特别是随着以深度学习为代表的人工智能技术的发展，智能视频监控在日常的目标检测与识别、目标跟踪与分析、安全隐患排查与甄别方面，发挥着越来越重要的作用。基于此，研发基于视频的海面小目标检测分析平台，对于维护我国领海权益、保障巡航渔业作业、保护海洋航运安全具有重要的研究意义和应用价值。

随着陆地资源逐渐消耗殆尽，海洋成为人类积极探索的领域之一。海洋蕴含丰富的矿产、天然气和石油资源，而我国作为临海大国，拥有面积高达 300 万平方千米的领海。近年来，丰富的海洋资源引起周边国家的觊觎，同时，随着各国之间摩擦冲突加剧，海洋小规模争端事件频繁发生，这迫使我国将海上安全任务等级提升到一个新高度。

目前，海事监测部门利用海警船、渔政船实施巡航监视，严厉打击侵犯我国海洋权益的违法行为。但是，这种方式难以对这些违法行为实现快速发现、及时取证以及实时预警，因此迫切需要一种新的解决方案实现对海面目标的实时监控和检测。伴随着计算机视觉技术的逐渐成熟，利用计算机实现自动化的海面目标检测成为一种可靠而有效的判断和预警方法。图 1-1 展示了三幅典型的海面船舶类小目标的检测场景。海面目标由于距离海岸远，伴随着海面波浪起伏、天气环境多变等原因，在成像图像中存在模糊、微小、遮挡等问题。这给目标检测算法带来巨大的困难，成为限制检测精度提升的难点。

(a) (b) (c)

图 1-1 典型的海面船舶小目标检测场景

1.3 小目标图像增强及检测研究现状

本节主要介绍海面目标检测研究现状，主要涉及海面目标检测的数据采集平台、基于深度学习的目标检测方法。

1.3.1 不同采集平台下的目标检测

目前，有数量众多的成像系统可以用于船舶等海面小目标检测的数据。最主流的数据类型可以分为光学和反射红外图像、高光谱成像、热红外成像、雷达数据 4 种。光学和反射红外图像又可以分为视频数据和夜间成像两个子类；与此同时，雷达数据、合成孔径雷达（Synthetic Aperture Radar，SAR）数据可以分为同样的两个子类。这些传感设备可以搭载到多种平台上进行数据采集。

光学图像和反射红外图像被归为一类是因为它们具有相似的性质。光学图像利用可见光（波长为 400~700nm）成像，而反射红外成像的电磁波段覆盖了近波和短波红外波段，波长接近 3μm。这些传感器都是被动式的，他们都需要太阳作为额外的光源才能工作。在舰船检测任务中，光学图像可以提供非常有价值的信息，进行精确的船舶识别和特征提取，并具有相当的准确性。并且，获取光学图像成本低廉，其数据简单，传输和存储都很方便。为了能检测到船只，地球观测卫星必须运行在较低的轨道上，以便获取足够分辨率的光学图像。得益于这些图像的高空间分辨率和高频谱容量，在船舶分类任务上可以很好区分出船舶的材料为钢铁、铝制、木制或水泥。当船只在图像上仅占据少量像素时，频谱信号对检测性能具有重要作用。船舶往往是纤瘦的长条形状，这种外观特征可以帮助对其进行分类和检测。当船舶在洋面航行时，它们的外观又会使得自身与海面对比表现出特别的视觉显著性。然而，由于光学图像传感器的诸多外部因素，如多变的气象条件、变化的光照条件、拍摄角度的变化等其他在采集数据时的不确定因素，使得在光学图像上自动检测舰船具有许多困难和挑战，需要在这些领域内进行更多的探索和研究。光学传感器在天气良好的白天工作正常，但在恶劣天气（如云层遮蔽、强风、强光）会严重影响检测任务的表现。除了卫星平台，近来越来越多的研究侧重于无人机平台采集的数据。

视频设备可以检测运动的舰船，他们常被固定在海岸、港口，或者安装在无人机等航空器和浮标等海上游动平台。连续的视频帧序列在道路车辆检测中得到许多研究，但是在船舶检测中依然是一个困难且复杂的任务。近年来，许多有前景的研究都是使用视频序列进行船舶检测。基于视频的舰船检测非常具有吸引力，因为视频设备的安装和维护都具有成本低和易管理的优势。而基于卫星视频检测技术的研究刚刚开始显现，但是它具有巨大的潜在优势，即可以追踪移动目标。

受益于光线增强技术，视频采集设备甚至可以在夜间工作。海岸或船舶上的夜间光学传感器可以是弱光探测器，可以利用环境光照，而卫星在夜间则主要检测船舶自身的光源。卫星在夜间观察时的空间分辨率非常低，非常难进行检测。然而，有些文章显示，可以利用特定捕捞作业的船舶上夜间照明光源对其进行检测。

高光谱传感器的成像光谱仪会搜集同一空间区域内的数百个窄波段，旨在最大限度地利用频谱信息内容。这样获取的图像非常复杂，需要高级别的分析处理技术。这是遥感中的新兴领域，但是不适合直接应用于其他领域。高光谱设备在卫星轨道工作时采集数据的空间分辨率一般非常低，很难应用于船舶检测任务当中，但是仍然有一些这方面的尝试。

热红外成像设备不需要依赖太阳作为外部光源，它直接接受目标物体自身发射的热辐射，因此常在夜间环境中使用。当然，它也能在白天使用，可以利用船体和海水的热辐射差异进行检测。

雷达是船舶检测的经典手段，且应用广泛。海洋船舶可以利用其甲板上的雷达天线导航；岸边的雷达可以帮助进行航道管理。雷达是主动式工作设备，不依赖外部的辐射源。航空器可以搭载扫描天线雷达或者固定的侧视机载雷达（Side-Looking Airborne Radar，SLAR）。侧视机载雷达也可以搭载在卫星上，但是很少用于船舶检测，因为它的空间分辨率也很低。

合成孔径雷达（Synthetic Aperture Radar，SAR）是一种特殊的雷达，适合搭载在卫星和飞机上。因为它的分辨率不受其与观测对象之间距离的影响。侧视机载雷达使用一根很长的物理天线探测空间，合成孔径雷达则是利用搭载平台的运动模拟合成一个很长的天线。SAR 可能是最适合搭载在卫星上进行舰船检测的传感器，原因包括：①它的观测分辨率可以自行调整以适应船体的大小（极小的船体除外）；②它能以固定的分辨率在相当宽的空间上成像；③它不受光照和天气影响。除此之外，现代大多数大型船舶使用金属建造船身并且船体结构包含许多锋利边缘，这些边缘结构可以密集地反射雷达波，因此在开阔水域，船舶在雷达上会得到明亮的点和清晰的外轮廓。合成孔径雷达卫星自 20 世纪 90 年代就开始应用，截至目前已有数量众多的卫星系统搭载合成孔径雷达在轨运行。因而，有大量的基于 SAR 的船舶检测的研究文献。AIR-SAR-Ship 是一个最新发布的大规模 SAR 舰船检测数据集，旨在推动利用深度学习在 SAR 数据中检测舰船技术的发展。但是，这种方法仍有很多缺点：雷达图像容易受到高水平固有噪声的干扰，强风和恶劣海况阻碍了船舶检测，难以探测到小目标，难以识别虚假警报，船型分类和识别困难。SAR 卫星不足以完全胜任船舶检测任务的原因是，现在运行的 SAR 卫星不能完全覆盖地球表面海洋，如果想要完全覆盖则需要数以百计的 SAR 卫星，而现在仅有十多颗在轨。另一方面，现在有数量更多的光学遥感卫星稳定运行。这也是基于光学遥感影像的舰船检测技术具有广阔前景的一个重要原因。

利用卫星遥感进行海面小目标检测具有覆盖面积大的优点，但是它面临时效性较差、成本高、易受天气条件影响、不能检测空间小目标等弱点，这使得它不适合进行实时的海面和空中小目标检测。基于以上分析，本项目利用常规摄像头进行海面视频图像采集，采用视频监控的方式进行小目标检测。

1.3.2　基于深度学习的目标检测方法

2012 年，Krizhevsky 等首次将深度卷积网络应用于图像分类任务，准确度得到明显提升。随后，Girshick 将卷积神经网络（CNN）的输出结果作为分类特征，使得检测结果大为提升。自此开始，以卷积神经网络为基础的目标检测文献数量爆炸增长，检测结果也极大提升。目标检测任务可以看作分类任务的扩展：预测目标在图像中的位置并判断目标的所属类别。

基于卷积神经网络的目标检测器发展到现在，可以分为两部分：主干网络（Backbone）和方框预测网络（Box Head）。主干网络从输入图像中提取卷积特征，方框预测网络接收卷积特征并输出检测结果。根据方框预测网络是否使用预定义的锚框（Anchor），可以将基于卷积网络的检测器分为基于锚框的方法（Anchor-based）和基于非锚框的方法（Anchor-free）。基于锚框的方法会在卷积特征上大量预先设置固定方框，物体的方框由与之最接近的锚框和实际方框相对锚框的偏移两部分组成，因而网络不会直接预测物体方框的坐标，而是预测物体方框与锚框之间的坐标偏移，将锚框坐标和偏移坐标结合得到最终的物体位置。而基于非锚框的方法是最近两年出现的，它放弃预先设置的方框，将目标方框在图像上的位置用一个关键点或多个关键点表示，将方框坐标的预测转换为关键点的预测。根据位置预测和类别预测是否同时进行，基于锚框的方法又可以分为两类：单阶段方法和两阶段方法。两阶段方法首先使用区域提议网络（Region Proposal Network，RPN）预测可能的目标候选框，然后判断这些候选框中物体的所属类别。而单阶段方法在网络设计上没有区域提议网络（RPN）的部分，它对目标对象的位置预测和类别判断同时进行。基于非锚框的方法一般方框预测和类别判定同时进行。

一、基于锚框的两阶段方法

受到卷积神经网络在图像分类任务上获得成功的启发，Girshick 等[1]首次将用于图像分类任务的卷积神经网络的特征用于目标检测流程中，使得检测效果得到明显提升，使用 AlexNet 的 R-CNN 便由此诞生。在 R-CNN 推理阶段，提取卷积网络特征是最耗费时间的阶段，它需要首先将成千上万的待检测区域缩放成相同尺寸大小才能输入卷积网络。何凯明等[2]提出了空间金字塔池（Spatial Pyramid Pooling，SPP），在卷积网络中加入 SPP 层得到 SPPnet，使得卷积网络可以处理任意形状尺寸的待检区域，并得到相同维度的卷积特征，SPPnet 和 R-CNN 相比，运行速度明显提高。然而，SPPnet 在训练阶段无法加速，因为它和 R-CNN 一样需要依赖卷积网络之外的其他方法提取待检区域，在训练时不能回传梯度，因为无法使用。同时，SPP 层只能在训练完成后再加入网络一起微调，这样也限制了它在非常深的网络中的应用。

为了解决 R-CNN 和 SPPnet 的缺陷，Girshick 等[3]提出 Fast R-CNN，在检测的速度和精度方面都得到提升。Fast R-CNN 不再与 R-CNN 和 SPPnet 一样直接将图像上的待检区域扣取出来输入卷积网络，而是采用特征共享的思路，将输入图像上的待检区域和最后一层卷积特征建立映射，将对应于图像上待检区域的卷积特征图上的区域扣取出来。这样处理，使得图像在卷积网络中只进行一次前向计算，便将待检区域的特征全部提取出来，而不必进行多次前向计算。在最后的卷积层之后，Fast R-CNN 添加了一个感兴趣区域池化层（Region of Interest Pooling Layer，RoI），RoI 池化层实际上是单层结构的 SPP，将形状大小不同的 RoI 区域转化为相同维度的特征向量。Fast R-CNN 不再使用支持向量机（Support Vector Machine，SVM）作为分类器，而是在 RoI 池化层之后的全连接网络部分添加 Softmax 分类器和方框偏移回归器。方框偏移回归器会预测对于先前提出的待检区域坐标值的修正值，使得位置结果更加精确。与 R-CNN 和 SPPnet 相比，Fast R-CNN 不仅精度得到提高，速度提升更加客观，在训练阶段，速度加快了 3 倍，而在测试时速度加快了 10 倍。

尽管 Fast R-CNN 在检测速度上有着明显提升，但是它依然依赖网络外部的算法提取待检区域。提取待检区域的算法成为 Fast R-CNN 的性能瓶颈。一些研究表明，卷积网络具有在图像中定位的能力，而全连接网络会减弱这种效果。因此，任少卿等[4]提出 Faster R-CNN 框架，在 Fast R-CNN 框架中加入了其发明的区域提议网络（Region Proposal Network，RPN）。在 Faster R-CNN 框架中，RPN 和 Fast R-CNN 共享主干网络提取的卷积特征。主干网络最终输出的卷积特征会输入两个分支：一个分支是 RPN 用来提取待检区域；另一个分支用来修正待检区域的坐标，使其更加精确并判定目标类别。RPN 会对输入的特征图的每一个坐标位置设置 n 个形状尺寸不同的固定方框，通过映射到输入的原始图像，这些固定方框就对应着图像上 n 个待检区域。这些待检区域又称为锚框（Anchor）。一般选择 3 种尺寸和 3 种形状，则 $n=9$。如果主干网络输出的卷积特征尺寸为 $W\times H$，则总共有 $k=n\times W\times H$ 个锚框。RPN 对这 k 个锚框回归出 $6\times k$ 的矢量，$4k$ 表示 k 个锚框的坐标，$2k$ 表示 k 个锚框为目标和背景的概率。判定为目标的锚框的坐标会被提取出来，抽取对应卷积特征上的区域，随后送入 RoI 池化层，得到固定维度的特征向量。然后经过后面的全连接层，最终进行分类和坐标偏移回归。Faster R-CNN 完全使用卷积神经网络提取特征，而无须使用手工特征。同时，它是端到端工作的，可以非常便捷地进行训练和测试。Faster R-CNN 网络奠定了基于锚框的二阶段检测方法的基本框架。随后在此方法上衍生和发展了许多性能更为优越的检测算法，如 Mask R-CNN、R-FCN、Cascade R-CNN 等。

二、基于锚框的单阶段方法

Redmon 等提出了 YOLO 算法，它将物体检测视为从图片像素中回归出坐标和对应的类别。YOLO 网络没有使用区域产生网络，而是使用许多非常小的网格作为位置回归候选区域。与 Faster R-CNN 使用局部区域的特征预测检测结果不同，YOLO 使用卷积特征图的整体进行预测结果。YOLO 将整幅输入图片划分为 $S\times S$ 个网格。每个网格预测 C 个类别的概率、B 个方框位置的坐标和置信度水平，预测结果表示为 $S\times S\times(5B+C)$ 的张量。YOLO 无须产生提议框，因而可以在 45fps 的速度下实时运行。Redmon 等在 YOLO 的基础上设计了 YOLOv2[5]，使用 GoogLeNet 代替原来的 DarkNet19 作为主干网络，并采用了表现优秀的锚框策略。在保持很快的实时速度的前提下，精度达到了先进水平。Redmon 和 Farhadi 在 YOLOv2 的基础上继续改进，并优化了网络训练方法，提出了 YOLOv3[6]。YOLOv3 整合了目标检测技术中的多种技巧。

刘伟等[7]提出了 SSD（Single Shot MultiBox Detector），它是比 YOLO 速度更快的单阶段方法，并保持了先进水平的检测精度。SSD 吸收了 Faster R-CNN 和 YOLO 的创新思路，有效结合了锚框机制和多尺度卷积特征，使得它在具有非常快速的检测速度的同时保持了很高的检测精度。与 YOLO 类似，SSD 预测固定数量的方框坐标并估计该方框具有某类物体的得分。SSD 使用了全卷积的结构，它的主干网络使用了 VGG 的卷积层部分。并在 VGG 卷积网络后添加了若干卷积层，增加了它的深度。最后的卷积层特征图的分辨率很小，包含的信息会非常粗略，无法估计精确的空间位置。因此，SSD 还使用了具有高分辨率的浅层卷积特征检测小目标。对于所有的待检区域，SSD 使用了多种尺寸的卷积特征图，在每层特征图上都会估计目标的类别概率和该目标坐标相对预定义方框的偏移坐标。最后 SSD 使用非极大值抑制（Non-Maximum Suppression，NMS）算法去除重复的方框获得最优的检测结果。在 VOC2007 数据集上，对于 300×300 的输入分辨率，SSD 可以在 59fps 的检测速率下达到 74.3%的精度。

三、基于非锚框的方法

Law 等认为基于锚框的方法最明显的缺点就是设置预定义方框的过程。首先，锚框的数量非常巨大，SSD 需要设置接近 4 万个预定义框，而 Faster R-CNN 则使用超过 10 万个锚框覆盖图像平面；其次，密集的锚框使得正负样本变得均衡，不利于训练；最后，设置锚框需要很多超参数，如锚框的数量、尺寸、形状等，占用大量的显存资源，影响模型的训练和推断速度。因此，Law 等[8]舍弃锚框的思路，提出了 CornerNet。CornerNet 将方框表示为其左上角和右下角的一对角点，网络会预测两张热力图：一张表示左上角点；另一张表示右下角点。每张热力图的通道数为目标的类别数目，即一个通道表示一个类别。为了判别出属于同一个对象的左上角点和右下角点，模型在预测角点热力图的同时还会估计分别对应左上角点和右下角点关联嵌入矢量，它们反映了左上角点和右下角点的对应关系。由于热力图的分辨率要小于输入图片，并且角点坐标用整数表示，因而热力图上的角点坐标与图像上的角点坐标存在量化误差。为了补偿这个量化误差，CornerNet 会估计这个补偿值。为了更好地提取角点，CornerNet 提出并使用了角点池化（Corner Pooling）。经过角点池化后，可以提高位置估计的准确度。在训练时，CornerNet 将标签数据转化为分别对应左上角和右下角的热力图、关联嵌入和量化补偿，通过计算这些实际值和对应的网络预测值之间的损失来优化网络权重。热力图的宽和高表示了角点的位置，它的通道数表示了类别，因而 CornerNet 的角点位置和类别的估计耦合在同一个损失函数之中。在测试时，CornerNet 分别预测左上角点和右下角点的热力图、关联嵌入和量化补偿。在热力图中提取左上和右下角点后，再通过关联嵌入匹配为属于同一个对象的一对角点，最后通过量化补偿值修正角点的偏移使其更加精确。在提取角点的时候，角点在热力图通道中的位置也被确定，因而它所表示的物体的类别也同时确定。Law 等在改进 CornerNet 的基础上提出了 CornerNet-Lite。CornerNet-Lite 是 CornerNet-Saccade 和 CornerNet-Squeeze 的组合，它们是 CornerNet 的两个变体。CornerNet-Saccade 引入了注意力机制，减少了处理图片像素的数量。它适合离线处理，在不损失检测精度的情况下检测速度提高了 6 倍，在 COCO 数据集上以每张图片 190ms 的处理速度可以达到 43.2%的平均准确率。CornerNet-Squeeze 使用一个新颖紧凑的基础网络，减少处理图片每个像素的计算量。它适合实时检测，在 COCO 数据集上其检测速度和精度比 YOLOv3 都要高，可以在每张图片 34s 的速度下保持 34.4%的平均准确率。

第二章　图像增强及视觉目标检测基础知识

2.1　引　　言

随着人工智能技术的不断发展，基于深度学习的图像处理技术愈发成熟，应用也越来越广泛。由数据集驱动的人工智能技术训练的模型往往需要巨大规模的数据集，但由于时间成本和金钱成本的限制，可能常会遇到图像数量少、图像质量差和类别不均衡的情况，这给图像识别任务带来种种困难，数据集中图像的质量和数量极大地影响了深度学习模型的泛化能力。由于深度学习网络模型有着极强的学习能力，模型可能经常会将图像数据集上数据的一般特征提取出来作为预测某一类结果的特性，这往往会导致模型在训练集上会预测出很好的结果，而在测试集以及验证集上有较高的错误率，模型的泛化能力低。

基于图像的图像增强能够增加训练样本的多样性，如通过翻转、添加噪声等基础图像处理操作或根据现有数据生成新的样本进行数据集扩充、数据质量增强。使用图像增强方法后的数据集训练模型，以达到提升模型稳健性、泛化能力的效果。

本章主要研究了基于图像的图像增强技术，并对其进行归类整理，着重介绍各类技术的特点及其解决的问题，对其存在的不足进行分析。对图像增强技术待解决问题进行总结，为相关研究人员提供详尽的技术发展状况报告。

2.2　图像预处理技术

图像增强方法的本质实际上是在现有的有限数据的基础上，在不实际收集更多数据的前提下，让数据产生等价于更大数据量的价值，即根据现有数据样本按照规则生成增量数据的过程。图像增强方法不仅是数据样本量的增多，更多的是数据本身特征的“增强”。样本数据是整体数据的抽样，当样本数据量足够大时，样本的分布情况和总体的分布情况应相似。但由于客观原因收集的样本数据不够完整，这时则可通过图像增强方法生成与真实数据分布更加相似的新样本数据。深度学习网络模型拥有极强的学习能力，因此学习到的一些无用的信息特征对最终结果会产生负面影响，而图像增强技术可实现按照需求针对数据施加约束来增加先验知识的前置过程，如将一些信息删除或补全，来减少负面影响对处理图像任务的模型性能的影响。

现阶段图像增强方法的使用方式主要有两种：离线增强和在线增强。离线增强是指对数据集执行一次性转换，该操作可成倍增加数据样本的数量。使用图像增强方法产生的样本数量为增强因子数与原始数据样本量的乘积。离线增强由于是一次性处理全部数据集，因此适用于较小的数据集。在线增强是在获取批量数据后就对其进行图像增强操作，随后，增强后的数据就被送入机器学习模型进行训练，由于其批量处理的特性，因此一般适用于大数据集。

2.2.1　传统的图像数据增强方法

传统的图像数据增强方法通常使用图像处理技术来完成数据集的扩充和图像质量优化，大致分为几何变换、色彩变换、像素变换三大类，如图 2-1 所示。

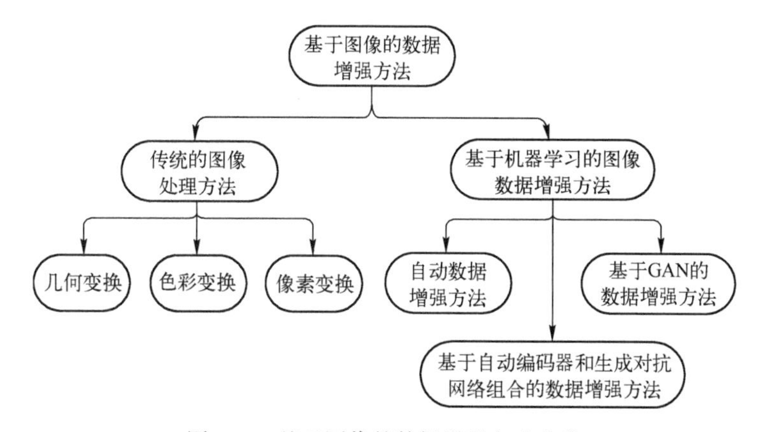

图 2-1　基于图像的数据增强方法分类

一、几何变换

针对数据集进行空间几何变换，常常会存在改变图像原始的标签信息或者增加一些不相关数据的情况，这称为不安全的转换。例如，对文字的识别任务中，对图像进行翻转操作是没有意义的。但是，对于存在位置偏差的数据集，用几何变换技术可以很好地解决问题。然而，在真实情况下，训练集与测试集的数据差异十分复杂，除了移位旋转等操作外，还包括其他复杂变换，因此几何变换的应用范围相对有限。

（一）图像翻转与旋转

图像翻转操作包括对图片进行垂直和水平翻转，其中垂直翻转实现需要水平翻转后再对图像进行 180°旋转处理，水平翻转比垂直翻转应用更为广泛。这种技术的优点是易于实现，此外图像翻转在 CIFAR-10 数据集上具有较好的效果，但对文本识别的数据集，如 MNIST，使用图像翻转会更改其标签信息。

进行图像旋转后得到的图像与原始图像的维数是否相同取决于图像的旋转角度以及原始图像的形状。当长方形的图像旋转 180°或者正方形的图像旋转 90°、180°、270°时，旋转后的图像与原始图像能够保持一致的维数。与图像翻转操作一样，在特定的数据集上，如文本识别数据集 MNIST，其图像变换的安全性取决于图像的旋转角度，随旋转角度的增加，转换后的图片不再保留原标签信息。

（二）图像剪裁与缩放

图像的随机剪裁可视为在原始图像上进行随机抽样，再将抽样获得的图像数据样本恢复为原始图像大小。

图像缩放分为向外缩放和向内缩放。图像缩放与图像剪裁不同的是向外缩放会得到比原始图像更大尺寸的图像，再从中剪裁出与原始图像大小相同的图像，向内缩放则缩小原始图像的大小，并针对其超出边界的部分进行填充操作，从而获得与原始图像尺寸一致的图像。

（三）图像移位与边缘填充

图像移位是指不改变图像的尺寸而将图像以坐标轴为移动参考进行横轴和纵轴的移动，并针对边缘部分进行填充处理。在进行了图像移位操作后，大部分的图像数据中对于图像任务有用的部分将位于图像的边缘，因此深度学习模型在进行计算机视觉任务训练时会将关注焦点转移到任意位置，而不是仅仅针对图像中心区域的学习，这种操作能够有效地提高模型的鲁棒性。

在对图像数据样本进行旋转、移位、缩放等操作后，需要将变换后的图像恢复到与原始图像尺寸一致的大小，恢复的过程通过对图像的边缘部分进行填充操作实现。常用的图像填充方法包括：常数填充，使用常数值对图像的边缘部分进行填充，这种填充方式适用于单色背景的图像；边界值填充，在原始图像边界的外部填充原始图像的边界的像素值，此方法适用于短距离移位。

二、色彩变换

（一）色彩空间

数字图像数据通过使用长、宽和通道来表示数据。

常用的色彩空间包括：①通过 RGB 通道的变化和叠加得到不同颜色的 RGB 色彩空间；②YUV 色彩空间，其中 Y 表示亮度，UV 表示色度；③HSV 颜色模型，其中 H 表示色调，S 表示饱和度，V 表示明暗程度。

此外还包括 I1I2I3、L＊a＊b＊和 YcbCr，在这些颜色空间中，HSV 颜色空间是直观的，其组成部分可以很容易地与物理世界相关联。

在色彩通道上进行图像亮度调节以及色度调剂是数据增强的一种有效方式。通常情况下，采集到的图像数据的亮度覆盖范围不足，为达到深度学习对亮度鲁棒性的基本要求，进行亮度转换操作成为基于色彩空间的数据增强技术中最常用的一种方法。在图像数据中，亮度偏暗的图像，亮度方差也更小，从而整体的亮度范围被压缩。伽马（Gamma）变换通过非线性变换将过亮或过暗的图片进行调整。直方图均衡化是更加高级的色彩空间增强方式，对对比度相近的图像使用该技术可增强局部的对比度而不影响整体的对比度，这种方式对过亮或过暗的图像数据能够实现有效的数据增强。

（二）色彩空间转换

色彩空间转换是一种非常有效的色彩特征提取方式。不同的色彩空间表示形式虽各有特性，但由于其同构性，可以互相转换。图像通常位于三维 RGB 颜色空间中，但 RGB 颜色空间在感知上不均匀，颜色的接近度并不表示颜色的相似性。色彩空间转换通过将图像在 RGB、HSV、LAB 等不同颜色空间上的转换，以不同的方式对每个分量进行加权，对于不同的数据集，通常需要选择合适的颜色空间转换来提高模型的性能。

色彩空间转换的缺点除了会消耗大量内存空间和时间，也会产生不好的效果。例如，人脸识别需要的关键信息是黑、白、黄，但若出现大量红绿等颜色信息，则是不合理的。此外，颜色空间转换的图像增强效果是有限的，虽然比几何变换更具多样性，但不恰当的使用可能会使模型发生欠拟合。

Ze Lu 等提出一种用于面部识别任务的色彩空间框架，提出色彩空间 LuC1C2，其通过比较 RGB 系数的颜色传感器属性选择 Lu 亮度分量，通过 RGB 颜色空间的色度子空间和协方差分析来确定 C1C2 颜色分量的变换向量的方向。在 AR、Georgia Tech、FRGC 和 LFW 人脸图像数据库上试验，确定了色彩空间 LuC1C2 具有更好的人脸识别性能。并且通过将 LFW 和 FRGC 数据库上提取的 LuC1C2 颜色空间中的 CNN 特征与简单的原始像素特征相结合，显著提高面部验证性能。

三、像素变换

（一）噪声

图像噪声是指在原始图像上随机叠加一些孤立的能够引起较强视觉效果的像素点或像素块，以扰乱图像的可观测信息，使其能够更好地提高卷积神经网络模型的泛化能力。常见的噪声有椒盐噪声、高斯噪声、泊松噪声和乘性噪声，它们都是以不同的方式生成以不同数值填充的不同大小像素遮掩点，再与原图混合，以扰乱原始图像的一些特征。

（二）模糊

模糊在本质上可视为对原始图像进行卷积操作，常用的方法是高斯模糊，该方法服从的卷积核矩阵服从二维正态分布，以减少各像素点值的差异，从而降低细节层次，使图像数据的像素平滑化，达到模糊图片的效果。模糊半径越大，图像就越模糊。

（三）图像融合

图像融合技术，通过求两张图像像素值的均值将两张图片混合在一起，或者是随机裁剪图像并将裁剪后的图像拼接在一起形成新图像。当混合来自整个训练集的图像而不是仅来自同一类别实例的图像时，可以获得更好的结果。图像融合方法从人的视角看毫无意义，但从试验的角度上观察，确实能够提升精度。

1. SMOTE 方法

采集到的数据集常存在的问题是样本类别不平衡问题，样本类别之间的较大差距会影响分类器的分类性能。SMOTE 方法提出以小样本类别合成新的样本来解决样本不平衡问题，该方法将提取的图像特征映射到特征空间，确定好采样倍率后，选取几个最相邻的样本，从中随机选取一个连线，并在连线上随机选取一点作为新样本点，重复至样本均衡。杜金华在研究中提出使用基于 SMOTE 算法的上采样法分别对原始图像数据集进行增强，试验表明花岗石识别准确率有所提高。

2. Mixup 方法

经验风险最小化（Empirical Risk Minimization，ERM）方法会在各个类间形成明确的决策边界，而 Mixup 方法是一种基于线性过渡的数据增强方法，使用 Mixup 能够使得数据样本之间像素点是渐变的，使样本分类边界模糊化，使得非 0 即 1 的预测变为较为平滑的预测效果，抑制模型在进行预测分类时的不稳定性，增强模型的泛化能力。这种方法从训练数据中随机抽取两条数据，将抽取到的图像数据的像素值进行符合贝塔（Beat）分布的融合比例的线性加权求和，同时将样本对应的One-hot矢量标签也对应加权求和，预测生成的新样本与加权求和后的标签的损失，进行反向求导并更新参数，而且抽取批量数据并进行随机打散后进行加权求和。在CIFAR、ImageNet图像分类数据集语音数据集中使用该方法能够实现模型性能的提升，并且降低模型对不完整标签的记忆。Mixup方法尽管取得了很好的效果，但缺乏理论支撑，同时该方法需要较长的时间才能收敛出较好的结果。ERM方法与Mixup方法的对比如图2-2所示。

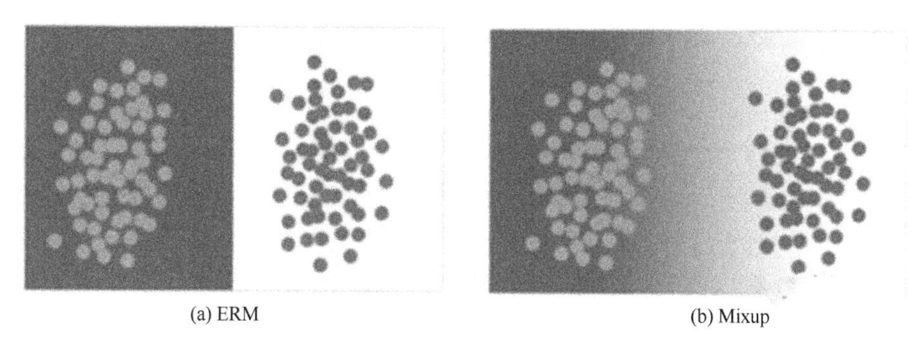

(a) ERM　　(b) Mixup

图2-2　ERM与Mixup对比

3. CutMix方法

CutMix是一种改进的随机擦除策略，随机擦除用一块矩形掩码覆盖原始图像，实现擦除图像上的一部分像素信息，其缺点是减少了训练图像上包含信息的像素比例，并且需要大量的计算，较为耗时。CutMix方法将随机选中的区域填充其他图像的补丁区域，这种方法与Mixup方法相比，改进了混合图像后人眼无法主观辨别图像标签的情形。在擦除区域添加其他样本信息，进一步增强模型定位能力。CutMix在CIFAR和ImageNet分类任务以及对ImageNet上弱监督的本地化任务领先于最新的数据增强策略，同时，在Pascal检测和MS-COCO图像字幕基准测试中获得了性能提升。这种方法改进了针对输入损坏及其模型失配检测性能的模型鲁棒性。

4. Sample Pairing方法

Sample Pairing方法常用于图像分类任务中的数据增强，该方法首先从训练集中随机选择两张图片，与Mixup方法不同的是，随机选择图像的方式是从训练集中随机抽取两张图片并分别进行基础数据增强操作（如随机翻转等）处理后；然后经像素取平均值；最后叠加合成一个新的样本。而标签为原样本标签中的一种，理论上新样本数量平方增加。这种方法能够显著提高所有测试数据集分类准确性。使用 GoogleNet 的 ILSVRC 2012 数据集的 top-1 错误率从 33.5%降低到 29.0%，而在 CIFAR-10 数据集中错误率则从 8.22%降低到 6.93%。当训练集中的样本数量非常小时，Sample Pairing 技术大大提高了模型预测的准确性。因此，该技术对于训练数据量有限的任务（如医学成像任务）更有价值。Sample Pairing 方法实现简单，效率大大增加，但缺少相应的理论支撑。

（四）信息删除

1. 随机擦除

随机擦除方法与添加噪声方法相似，通过随机选取图像中的矩形区域，并使用随机像素值对其遮盖。该技术可以很容易嵌入大部分卷积神经网络模型中。随机擦除的好处在于迫使模型去学习有关图像的更多描述性特征，从而防止过拟合某个特定视觉特征，确保网络关注整个图像，而不只是其中的一部分。随机擦除的缺点是不一定会保留标签。Zhun Zhong 等将随机擦除方法用于图像分类、物体检测和人员重新识别任务，并通过该方法实现了性能的提升。使用随机擦除方法进行大量试验，在 CIFAR、PASCAL VOC 2007、Fast-RCNN、re-ID、Market-1501、DukeMTMC-reID 上表现出良好的效果。

2. Cutout 方法

与随机擦除相似，Cutout 方法是在图像上的随机位置使用一定大小的正方形 path 进行 0-mask 剪裁。蒋芸等提出了激活区域处理算法（Activation Region Processing Algorithm）并将其嵌入到 CNN 模型，对网络卷积层的特征图进行遮盖处理，进一步提高模型的性能，降低过拟合的风险。该方法从卷积神经网络中提取出较为关键的局部特征卷积层素值最大的特征图，对其上采样后将像素值大于整个图像素均值的像素点使用[0,1]的随机噪声进行遮盖处理，输入到下层网络继续训练，算法在 CIFAR 和 Fashion-MNIST 数据集上得到更低的错误率。在不同的网络结构 RestNet-18、WRN-28-10、ResNext-8-64 使用 AR 算法后，与未加任何遮挡的 CNN 模型相比，得到更低的错误率。随机擦除、Cutout 和 GridMask 方法的图像增强效果如图 2-3 所示。

3. GridMask 方法

Peng guang 等提出的 GridMask 的信息删除方法平衡了删除区域与保留区域的面积，其本质是对图像进行网格覆盖，优化了 Cutout 和随机擦除方法过度删除问题，并保持图像区域连续，易于实现且快速灵活，与以前的方法相比，GridMask 在各种数据集上得到更优的效果，优于以前所有的无监督策略，包括 AutoAugment 提出的最佳组合策略。该方法可以用作数据扩增的新基准策略。

(a) 随机擦除　　(b) Cutout　　(c) GridMask

图 2-3　随机擦除、Cutout 和 GridMask 对比

2.2.2　基于深度学习的数据增强方法

在进行机器学习模型训练的过程中，优化模型的目标就是尽可能地使模型的损失降低，因此为了完成这一优化目标，往往需要大量的训练数据作为支撑。传统的数据增强技术依靠对现有数据集的微小调整，包括翻转、旋转和平移等调整方法，通过这些方法对数据集的调整，会产生大量具有微小的或者巨大差别的数据集，使用这种数据集的试验方法将会把这些调整后的数据集视为与原始数据集不同的数据，从而进行模型的训练。数据增强的作用除了能够增加训练的样本数量和提高模型的泛化能力之外，还可以增加噪声数据，从而提高模型的鲁棒性。

除了传统的数据增强技术以外，近年来，随着机器学习的快速发展和广泛应用，研究人员开始将机器学习技术用于数据增强领域，并取得了一定成果。

一、自动数据增强

从数据自身的特点出发，搜索适合不同特点数据集的数据增强策略能够从体系结构搜索的角度重新定义一种数据增强的新模式。

谷歌大脑的研究人员提出了一种自动搜索合适的数据增强策略的方法（AutoAugment），通过设计这种不改变深度学习网络架构的数据增强方法来实现具有更多不变性的数据增强策略，这种思想能够避免对神经网络架构进行修改而从策略搜索的角度对模型的训练过程进行性能上的优化。该方法通过创建一个搜索空间用来保存数据增强策略，并针对不同的批量任务根据搜索算法从搜索空间中选择合适的子策略，选择的子策略能够应用特定的图像处理函数进行数据增强的操作，以使训练出的神经网络能获得最佳的验证准确率，该算法的性能接近不使用任何无标注样本的半监督学习方法。此外，该算法能够实现策略的迁移，将学习到的策略应用到其他类似的数据增强任务上，能够得到较高的准确率，并且不需要在额外的数据上对预训练的权重进行调整。该算法中使用强化学习作为搜索算法，并提出在搜索算法方面能够进一步研究，得到更好的试验性能。但这种方法在简化设置的情况下需要较长的训练时间。

针对计算损耗巨大的问题，谷歌大脑的研究人员又提出了一种自动数据增强的方法，称为 RandAugmentation。这种方法大大缩小了数据增强所产生的样本空间，从而将数据增强的过程与深度学习模型的训练过程集成起来，而不是将数据增强作为独立的任务。该方法同时也证明了自动选择数据增强策略的方案通常是在规模较小的数据集上训练参数量级较低的模型而实现的自动数据增强，在此基础上再将搜索到的数据增强策略应用到大规模数据集上的方法不是最优的。

自动数据增强是否或者何时需要作为一个单独的搜索阶段一直困扰着研究人员，在该方面的突破也许能从根本上解决自动数据增强和模型训练过程之间的关系问题。此外 Yonggang Li 等在 2020 年提出了一种新的数据增强技术，该论文提出了将可微分网络架构搜索算法应用在数据增广策略搜索任务上，该算法同样针对 AutoAugment 中的昂贵计算导致 AutoAugment 方法在适用性上表现较差的问题。DADA 算法提出通过 Gumbel-Softmax 将离散的数据增强策略选择转化为一个可优化的问题。

AutoAugment 作为开创性的工作，提出了自动搜索策略用于数据增强，将策略的选择过程视作一个组合优化问题。但是，由于其需要消耗巨大的计算时间，导致其适用性较低，因此研究人员开始针对计算耗时问题提出不同的解决方案。除了上述两种针对 AutoAugment 的改进方法之外，还有 Population Based Augmentation [22] 和 Fast AutoAugment[23] 等方法。

二、基于生成对抗网络的数据增强方法

通过基于生成对抗网络的生成建模的方式进行数据增强是现阶段较为常用的手段。生成对抗网络应用在数据增强任务上的思想主要是其通过生成新的训练数据来扩充模型的训练样本，通过样本空间的扩充实现图像分类任务效果的提升。研究人员在原始生成对抗网络框架的基础上又提出了多种不同的改进方案，通过设计不同的神经网络架构和损失函数等手段不断提升生成对抗网络的变体的性能。

（一）DCGAN

DCGAN 尝试将图像领域应用广泛的 CNN 与生成对抗网络 GAN 结合起来，提出了深度卷积生成对抗网络（Deep Convolutional GANs，DCGAN），在图像分类任务上证明了其优于其他无监督算法。该算法的核心部分是对 CNN 架构进行了三处修改：①使用卷积层替代了池化层。作者在 GAN 的生成器中进行了此类修改，使得生成器能够学习其自身空间的下采样方式，而不是参数指定的下采样方式；②消除了卷积特征上的全连接层。作者尝试将最高卷积特征分别直接连接到生成器和判别器的输入和输出；③批量归一化。使用批量标准化通过将输入标准化以使零均值和单位方差为零来稳定学习，并且能够有效解决深度生成器的所有样本坍塌到单点的问题。将该方法用到生成器的输出层和判别器的输入层会导致批量归一化模型不稳定问题，因此作者在剩余的所有层上都使用了批量归一化的操作。DCGAN 算法实现了 CNN 和 GAN 的结合，是一种有效的图像生成模型，被广泛地用于数据集样本的生成。但使用该方法时，当训练模型的时间较长时，仍然在部分模型中存在不稳定的问题。

（二）CycleGAN

CycleGAN 作为图像转换领域的重要模型，可以实现样本数据无须配对即可进行转换，如将一个名人转换成一个卡通人物，这种图像转换的使用能够对样本数据进行极大的扩充而保留原始图像的轮廓。CycleGAN 作为一种不对齐数据的图像转换方法被广泛应用于图像到图像的转换。

CycleGAN 实际上是由两个对称的生成对抗网络组成的环形网络，将该模型与 DCGAN 进行比较后发现，该模型能够控制图像生成，而 DCGAN 模型则输入一个噪声后输出一张无法控制的图片。CycleGAN 的结构如图 2-4 所示。

（三）Conditional GAN

2014 年，Mehdi Mirza 等提出了 Conditional GAN，论文中提出的模型不仅仅需要较高的逼真度而且需要在一定的条件约束下完成，由于其增加了条件约束，因此生成器和判别器的设计会发生较大的改变。通过根据附加信息对模型框架进行调整，可以用于指导数据的生成过程，这种根据条件生成数据的方式对于数据增强非常有效，研究人员在原始图像上可以根据不同的需求条件生成增量数据，并将增量数据应用到下游的神经网络模型中。Conditional GAN 的结构如图 2-5 所示。

尽管生成对抗网络在生成图像领域被广泛应用，但其训练的不稳定性，以及要求大量训练数据的不适用性将导致其不同的变体方法在一些时候并不能有效地实现数据增强的任务。

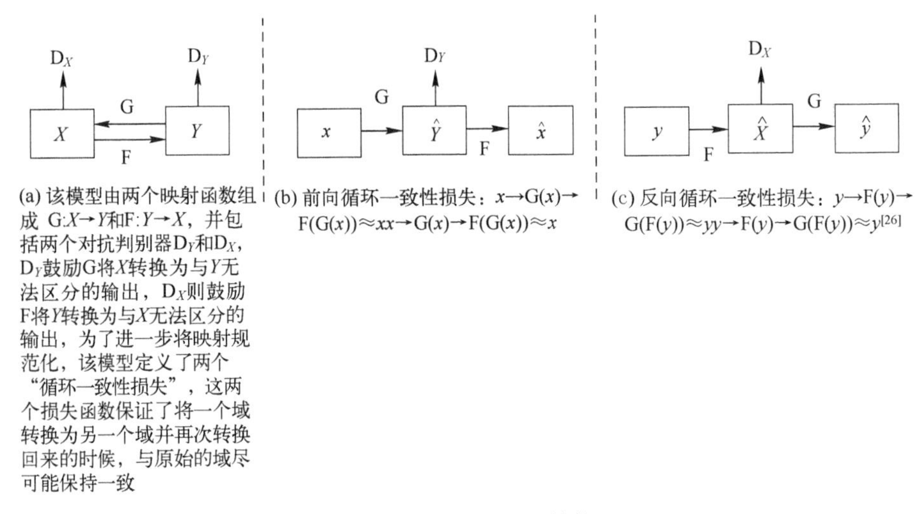

(a) 该模型由两个映射函数组成 $G:X\to Y$和$F:Y\to X$，并包括两个对抗判别器D_Y和D_X，D_Y鼓励G将X转换为与Y无法区分的输出，D_X则鼓励F将Y转换为与X无法区分的输出，为了进一步将映射规范化，该模型定义了两个“循环一致性损失”，这两个损失函数保证了将一个域转换为另一个域并再次转换回来的时候，与原始的域尽可能保持一致

(b) 前向循环一致性损失：$x\to G(x)\to F(G(x))\approx xx\to G(x)\to F(G(x))\approx x$

(c) 反向循环一致性损失：$y\to F(y)\to G(F(y))\approx yy\to F(y)\to G(F(y))\approx y$[26]

图 2-4 CycleGAN 的结构

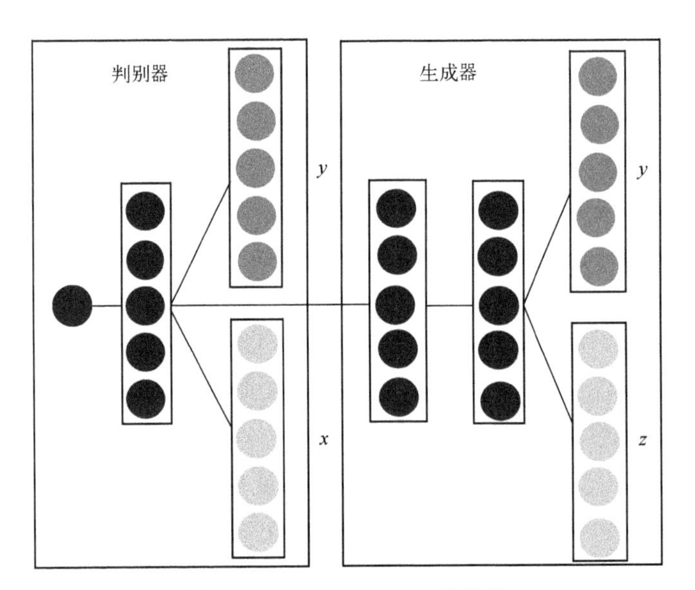

图 2-5 Conditional GAN 的结构

三、基于自动编码器和生成对抗网络组合的数据增强方法

自动编码器通过将其网络结构的一半用于编码，获得图像的低维向量表示，将网络结构的另一半用于解码，获得根据低维向量表示重新构造的图像数据，这种编码解码的方式能够实现训练数据样本和噪声数据样本的容量扩充，实现了利用数据增强技术提高神经网络的泛化能力和鲁棒性。

在生成对抗网络被广泛应用到生成数据任务之后，研究人员开始提出生成对抗网络与自动编码器的结合形式，通过将变体的生成对抗网络和变体的自动编码器结合而形成一个通用的学习框架来生成细粒度类别的图像，这种新颖的图像生成方式同样能够有效地完成数据增强任务。Jianmin Bao 等提出的 CVAE-GAN 通过将图像建模为概率模型中图像标签和隐藏属性的组合的形式。

CVAE-GAN 首先使用编码器将给定的训练图像数据和类别标签编码为符合给定概率分布的隐变量，再通过生成器将从隐变量中采样得到的数据和对应的类别标签生成图像数据，将该图像数据输入到分类器和判别器中从而输入分类标签和判别标签，生成器和判别器构成了一个生成对抗网络，其中生成器尝试通过已经学会了区分真实样本和虚假样本的判别器提供的梯度来学习真实数据分布。作者还在其论文中证明了均值特征匹配也可以用于条件图像生成任务。CVAE-GAN 方法能够在多种图像任务中取得较好的性能，包括图像生成任务、图像修复任务等，但在生成位置类别的样本方面还存在一定的可探索性。

在自动编码器和生成对抗网络的组合应用方面，Yang He 等提出了一种新颖的图像生成方法，该方法可以分类为一种随机回归方法，其学会了从单个条件输入中产生多个不同的示例。这种方法与 CVAE-GAN 方法一样结合了生成对抗网络和自动编码器的优势来完成图像生成任务。这种新提出的算法通过使用随机回归公式，为条件图像生成任务提供了一种新颖的解决方案，该模型可以生成准确且多样的样本，并且可以稳定地训练并提供具有潜在向量表示形式的抽样机制。该模型还应用了通道级别的 Dropout，从改进网络结构的角度提出解决多项选择学习思想的方法。

将图像生成技术用于数据增强任务的方法除了生成对抗网络以及自动编码器和生成对抗网络的组合形式之外，研究人员还提出了一些其他的方法。Qifeng Chen 等[30]提出级联优化网络（Cascaded Refinement Networks，CRN），该模型将图像生成任务转化为回归问题，该模型还证明了可以通过合适结构的前馈网络合成图像数据，实现了将图片无缝缩放到高分辨率，并在试验中证明了模型的有效性。Justin Johnson 等[31]提出采用感知损失函数训练前馈网络进行图像转换的任务。模型通过训练一个用于图像转换任务的前馈网络，同时不需要进行像素级别的求差值操作而构造损失函数。使用感知损失函数，从预训练好的网络中提取高级特征。该模型同样在图像转换任务中取得了不错的性能。

2.2.3　小结

针对图像数据集的数据增强技术可以分为两种类型：对数据集进行变换操作达到扩充数据集的目的；对数据集进行过采样或欠采样达到样本与真实分布

相似的效果。

随着深度学习技术的不断发展，应用于计算机视觉领域的深度模型也在不断被提出。基于深度学习的数据增强技术主要从数据扩充的角度对模型进行性能上的提升，而不是改变深度模型的网络结构。现阶段的传统图像数据增强和基于深度学习的数据增强技术都在不断发展和提出，将数据增强技术用于计算机视觉任务也正在成为学术研究的主流做法。传统图像处理方法有几何变换、颜色变换和像素变换等，而基于深度学习的图像数据增强技术主要包括：自动数据增强通过设计一种不改变深度网络架构的数据增强方法来实现具有更多不变性的数据增强策略，通过创建一个搜索空间用来保存数据增强策略，并针对不同的任务根据搜索算法的运行进行适当子策略（如剪裁、翻转）的选择，从而实现自动数据增强的目的；基于生成对抗网络的数据增强主要是基于生成对抗网络的机制进行生成器和判别器的设计，以及生成对抗网络的算法框架的设计；基于自动编码器和生成对抗网络组合形式的数据增强方法则是通过编码器、解码器、生成器和判别器的设计实现数据增强任务。

2.3 视觉目标检测方法

目标检测是一门基于计算机视觉与图像处理、模式识别、机器学习、深度学习等众多学科交叉的研究课题。随着人工智能领域的发展，目标检测与识别作为人工智能领域一个重要的方面，受到人们越来越多的关注。当下，目标检测方法大致分为以下思路：第一种是传统计算机视觉目标检测方法，这种方法主要是应用数字图像处理方向的知识进行识别；第二种是深度学习目标检测方法，这种方法主要是应用神经网络对图像进行训练，达到要求的准确度，从而完成识别；第三种是采用深度学习与传统方法相结合的算法完成识别。

2.3.1 传统的目标检测算法

一、传统方法特征选择过程

特征的选择是传统算法中最重要的部分，特征包含颜色特征、纹理特征、形状特征等。在以颜色为主要特征的目标检测应用场景中，一般目标与背景有较大的颜色差异，可以选择合适的颜色空间来将背景和目标进行分离，从而完成目标的检测。常用的颜色空间有 RGB、HIS、Lab 等。RGB 颜色空间即红绿蓝三色空间，R 代表红色、G 代表绿色、B 代表蓝色。HIS 空间也有三个通道分量，H 代表色调、I 代表亮度、S 代表饱和度，这种颜色空间的一大特点就是接近于人的感知。纹理是对图像的像素灰度级在空间上的分布模式的描述，反映物品的质地，如粗糙度、光滑性、颗粒度、随机性和规范性等。当图像中大量出现同样的或差不多的基本图像元素（模式）时，纹理分析是研究这类图像的最重要的手段之一。此外，分析方法也十分重要，在以纹理为主要特征的场景中，描述一块图像区域的纹理有三种主要方法，即统计分析方法、结构分析方法和频谱分析方法。

二、传统视觉算法其他重要过程

在采集到图像之后，图像往往会由于电子器件或者传输干扰产生一些噪声，噪声点过多会影响后续的处理操作，所以需要将噪声去除，去除噪声的方法有很多种，最常用的有两种：第一种为中值滤波法，即将图像滤波器当中的像素值由低到高依次排列，取出中位值，用中位值代替其他位置的像素值，一般来说滤波器的尺寸可以选为 3×3 或者 5×5；第二种为平均滤波法，即将图像滤波器当中的像素值平均化处理，取出平均值，用平均值代替其他位置的像素值。在选择完颜色空间之后，目的是将目标和背景进行分离，需要用到分割算法。常用的分割算法有固定阈值法、颜色聚类法、自动阈值法等。固定阈值法主要是通过人为设定分割阈值，大于阈值的为背景或目标，其余为目标或背景，这样目标和背景便能够根据此值进行分离。颜色聚类法主要是通过使不同的颜色聚为不同的类别，从而将目标与背景进行分离。自动阈值法主要是通过计算机自动对图像中的情况设定阈值，阈值可能会根据图像的不同而不同，这样设定的阈值更加合理，从而将目标和背景进行分离。

在分割之后，往往有两类误差点：第一类是目标点被错误地分类成背景点；第二类是背景点被错误地分类为目标点。针对这两种误差，需要进行分割图像后处理操作。后处理过程一般为形态学处理过程，主要包括腐蚀过程和膨胀过程。腐蚀过程能够去除一些很小的孤立点，主要执行的操作是目标边界的收缩；膨胀过程能够去除一些目标内部的孔洞，主要执行的操作是目标边界的向外扩张。通过这两种方法，一般能够将误差点去除，从而达到很好的分割效果。在后处理之后，往往目标已经能够清晰地呈现在眼前，这时候需要用矩形或者圆形将目标进行拟合，显示出识别结果，例如在对圆形物体进行识别的时候，往往会采用霍夫变换的方法来拟合圆形，霍夫变换最早是用来检测直线的，其原理是统计原理，即霍夫变换对组成直线的两个像素点进行统计，统计数最高的直线便是目标直线。之后霍夫变换又用来检测圆形，根据三个点确定一个圆的原理，霍夫变换对轮廓上的点进行统计，找出统计数最高的圆形，便是目标圆形。之后，霍夫变换又被开发改善，能够识别椭圆形等一系列图形，并且具有较好的稳定性，往往被应用在传统目标识别算法领域。

2.3.2 深度学习目标检测

1998 年，Yann LeCun 等提出最早的卷积神经网络结构 LeNet5，用于手写数字的识别，此后的十几年间神经网络算法一直处于缓慢发展阶段。2012 年，Krizhevsky A 等提出了网络结构 AlexNet，该网络在 ImageNet 2012 挑战赛中一举夺冠，且效果远超传统算法，由此掀起了深度学习算法的热潮。随着计算机硬件的成熟、计算能力的提高，深度学习框架逐步代替了基于特征的传统检测方法，成为目前目标检测领域的主流算法。该算法以其简单的训练方法、较高的检测精度和不俗的检测速度迅速取代了传统的机器学习方法。目前，基于深度学习的目标检测逐渐出现了不同分支，根据检测思想的不同，基于深度学习的目标检测算法可分为基于分类的目标检测算法和基于回归的目标检测算法两类，两种方法分别在检测准确率和检测速度上占据优势。

一、基于分类的目标检测算法

基于分类的目标检测算法又称两阶段（Two Stage）模型，其将检测问题划分为两个阶段。首先通过选择性搜索（Selective Search）或 RPN（Region Proposal Net）等方法提取出候选区域，然后利用回归等方法对候选区域进行分类以及位置调整，从而输出目标检测结果。这类算法的典型代表是基于区域提取的 R-CNN 系列算法，如 R-CNN、SPP-Net、Fast R-CNN、Faster R-CNN 和 Mask R-CNN 等。

（一）R-CNN

2014 年，Girshick R 等提出了基于区域提取的 R-CNN 算法，成为 R-CNN 系列目标检测算法的奠基之作，在 VOC 2007 测试集上平均精度（mean Average Precision，mAP）达到了 48%。2014 年修改网络结构后又将 mAP 提升至 66%，同时在 ILSVRC 2013 测试集上 mAP 达到了 31.4%。

R-CNN 算法主要包含 4 个步骤：①利用选择性搜索算法提取候选区域，将候选区域缩放至同一大小；②使用卷积神经网络提取候选区域特征；③SVM 分类器对候选区域特征分类；④利用边框回归算法进行边框预测。R-CNN 算法作为第一个基于深度学习的较成熟算法，相比于传统机器学习算法有了很大进步，但其劣势也很明显：采用 4 个分离的步骤进行检测不适于端到端训练；每次检测都需要生成 2000 多个候选框，每个候选框都需要一次卷积操作，重叠的候选框带来大量的重复计算，极大影响了检测速度。

（二）SPP-Net

针对 R-CNN 模型对处理候选区域尺寸的限制，2014 年何凯明等在卷积神经网络中设计了一种空间金字塔池化层（图 2-6），使卷积神经网络能够处理任意大小的候选区，该层能够从不同大小的特征图中提取相同长度的特征向量，克服了卷积神经网络只能接受固定大小输入的限制，并且改进了卷积神经网络提取图像特征时重复提取的问题，提高了区域提取阶段的运行速度。该网络结合空间金字塔方法实现了 CNN 的多尺度输入，并且只对原图进行一次卷积操作，通过计算原图与特征图的映射关系即可得到图像的候选区域，大幅缩减了算法的检测时间。但是和 R-CNN 算法一样，训练数据的图像尺寸大小不一致，使候选框的感兴趣区域感受野过大，不可以使用反向传播算法有效地更新权重。

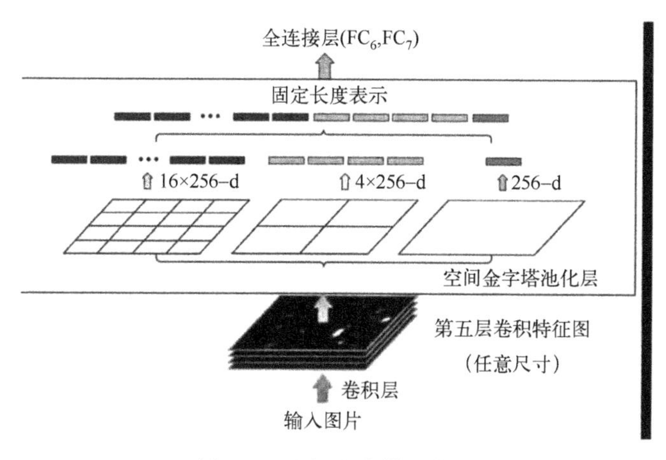

图 2-6 空间金字塔池化层

与 R-CNN 相同，SPP-Net 也需要预先生成候选区域，但输入 CNN 特征提取网络的不再是 2*k* 个左右的候选区域，而是包含所有候选区域的整张图像，只需通过一次卷积网络即可得到整张图像和所有候选区域的特征。这大大减小了计算的时间复杂度，速度比 R-CNN 提高了 100 倍左右。

（三）Fast R-CNN

2015 年，Girshick R 等在 SPP-Net 算法结构的基础上又提出一种改进的 Fast R-CNN 算法，将基础网络在图片整体上运行完毕后，再传入 R-CNN 子网络，共享卷积运算。Fast R-CNN 的主要步骤如图 2-7 所示，首先将图像和多个感兴趣区域（RoI）输入到基础卷积网络中，每个感兴趣区域都汇集到一个固定大小的特征映射中，然后通过全连接层（FC）映射到特征向量中。网络每个 RoI 有两个输出向量：softmax 概率和类边界框回归。该方法通过多任务损失对算法进行端到端的训练。但是，Fast R-CNN 在提取区域候选框时仍使用 SelectiveSearch 算法，增加了算法耗时，运行速度较慢。

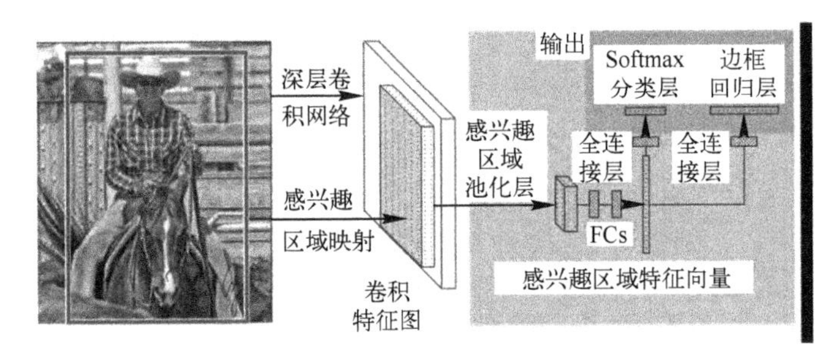

图 2-7　Fast R-CNN 算法流程

（四）Faster R-CNN

SPP-Net 和 Fast R-CNN 都需要单独生成候选区域，无法进行端到端的训练，计算量很大且无法用图形处理器（Graphics Processing Unit，GPU）进行加速。针对这个问题，Ren 等于 2015 年设计了区域生成网络（Region Proposal Network，RPN），提出 Faster R-CNN 模型。Faster R-CNN 算法用候选区域生成网络（Regional Proposal Networks，RPN）代替了选择性搜索（Selective Search）算法，将目标检测系统分为两个模块：第一个模块是提取候选区域的深度全卷积网络；第二个模块使用基于区域提取的 Fast R-CNN 检测器，整个系统是一个单个的、统一的目标检测网络。Faster R-CNN 算法框架如图 2-8 所示。首先将整张图片作为输入，经过卷积计算得到特征层；然后将卷积特征输入到 RPN 网络，得到候选框的特征信息；再对候选框中提取出的特征，使用分类器判别是否属于一个特定类；最后对属于某一特征的候选框，用回归器进一步调整其位置。整个网络流程都能共享卷积神经网络提取的特征信息，提高了算法的速度和准确率，从而实现了两阶段模型的深度化。但是，在尺寸一定的卷积特征图中，RPN 网络能够生成具有多个尺寸的候选框，造成了目标尺寸可变以及固定感受野不一致的问题。

相比于 Fast R-CNN 算法，该算法较重要的改进点就是采用 RPN 代替选择性搜索提取候选区域。RPN 是一个全卷积网络，包含 3 个卷积层，采用滑动窗口机制遍历每个特征点，通过分类层和回归层后，输出特征点映射的原图区域是否为前景图像及相对坐标。算法另一个极为重要的改进就是先验框的引入，通过先验框，RPN 可以产生大小不同的候选区域，应对大小不同的目标，这一方法被许多算法借鉴。

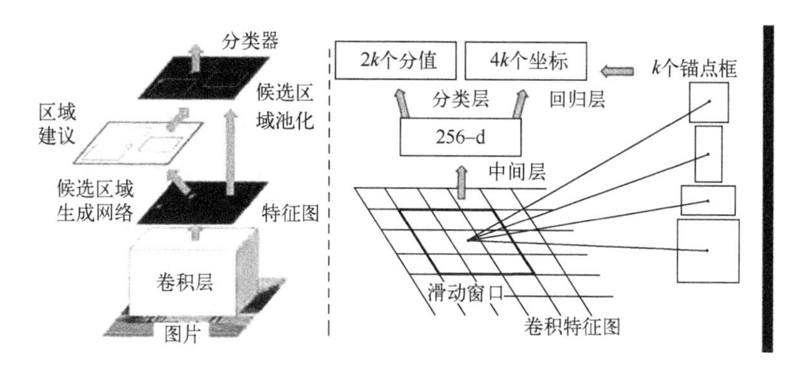

图 2-8 Faster R-CNN 目标检测系统框架

（五）Mask R-CNN

2017 年，Kaiming He 等在 Faster R-CNN 中增加了并行的 Mask 分支——小型全连接卷积网络（Fully Convolutional Networks for SemanticSegmentation，FCN），对每个 RoI 生成一个像素级别的二进制掩码。Mask R-CNN 算法扩展了 Faster R-CNN，适用于像素级的细粒度图像分割。该算法主要分两部分：通过 RPN 网络产生候选框区域；在候选框区域上利用 RoI Align 提取 RoI 特征，得到目标分类概率和边界框预测的位置信息，同时也对每个 RoI 产生一个二进制掩码，如图 2-9 所示。

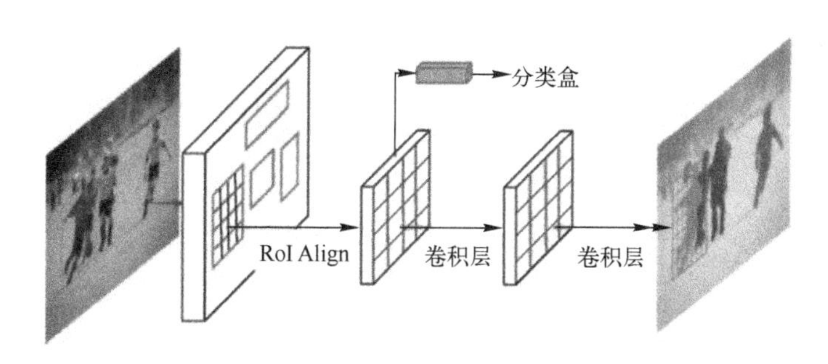

图 2-9 Mask R-CNN 示意图

在 Fast R-CNN 中，采用 RoI Pooling 产生统一尺度的特征图，这样再映射回原图时就会产生错位，使像素之间不能精准对齐。这对目标检测产生的影响相对较小，但对于像素级的分割任务，误差就不容忽视了。Mask R-CNN 中用双线性插值解决像素点不能精准对齐的问题，即 RoI Align。例如，将 320×240 的原始图像映射为 32×24 的特征图，需要将原始图像中的每 320/32 个像素映射到特征图中的 1 个像素。如果将原始图片中 32 个像素映射到特征图中，得到 32×32/320=3.2 个像素。RoI Pooling 四舍五入得到 3 个像素，会产生像素错位；但 RoI Align 使用双线性插值可精确计算 3.2 个像素。在使用 RoI Align 代替 RoI Pooling 后，Mask R-CNN 在目标检测领域取得了出色的结果，超越了 Faster R-CNN。Mask R-CNN 模型灵活性较强，稍加改动即可适用于目标检测、目标分割等多种任务，但由于继承了 Faster R-CNN 的两阶段计算方法，其实时性仍不够理想。

（六）两阶段目标检测对比分析

上述基于区域提取的目标检测算法不断发展并逐步优化，检测精度也不断提高，最终实现了图像实例分割。具体来说，R-CNN 率先尝试用 CNN 卷积神经网络提取图像特征，相比传统手工设置特征的 HOG、DPM 等算法，取得了很大进步，检测率显著提升。SPP-Net 的主要贡献是将整张图片输入到卷积层提取图像特征，并在最后一个卷积层后加入空间金字塔池化，提高了检测速度和多尺度目标的检测率。Fast R-CNN 的主要创新点是让分类任务和位置回归任务共享卷积特征，解决了目标定位和分类同步问题，检测速度进一步提升。Faster R-CNN 提出用可训练的 RPN 网络生成目标推荐区域，解决了前几种算法无法实现的端到端的学习问题。Mask R-CNN 则在 Faster R-CNN 的基础上，将 RoI Pooling 层替换成了 RoI Align 层，使得特征图和原图的像素对齐得更精准，并新增了一个 Mask 掩码分支用于实例分割，解决了同时进行目标定位、分类和分割的问题。

上述基于区域提取的目标检测方法首先产生感兴趣区域的推荐框，再对推荐框进行分类和回归，虽然检测精度一直在不断提高，但是检测速度普遍较慢，不适合对实时性要求较高的应用场景，其性能对比如表 2-1 所列。

表 2-1　性能对比列表

算法	骨干网	速率/fps	mAP/%			优　点	缺　点
			VOC2007	VOC2012	COCO		
R-CNN	AlexNet	0.03	58.5			CNN 用于特征提取	耗时耗存储空间，输入大小固定
	VGG16	0.50	66.0				
SPP-Net	ZF-5	2.00	59.2			对整张图像做多尺度卷积	空间开销大
Fast R-CNN	VGG16	7.00	70.0	68.4	19.7	分类和回归共享特征，同步进行	选择候选区域，耗时耗空间

续表

算法	骨干网	速率/fps	mAP/%			优　点	缺　点
			VOC2007	VOC2012	COCO		
Faster R-CNN	VGG16	7.00	73.2	70.4	21.9	使用 RPN 实现端到端检测	模型复杂，空间量化粗糙，小目标效果不好
	ResNet-101	5.00	76.4	73.8	34.9		
Mask R-CNN	ResNet-101	11.00	78.2	73.9	39.8	解决特征图与原图不对齐的问题，同时实现检测与分割	实例分隔代价太高

为进一步提高目标检测实时性，一些学者提出一种将目标检测转化到回归问题上的简化算法模型，在提高检测精度的同时提高检测速度，并分别提出了 YOLO 和 SSD 等一系列基于位置回归的一阶段目标检测模型。

二、基于回归的目标检测算法

以 R-CNN 算法为代表的两阶段方法经过不断的发展和改善，尤其是加入 RPN 结构之后，检测精度越来越高，但是基于分类的目标检测算法检测速度较慢，难以满足部分场景对于实时性的需求，因此出现一种基于回归方法的目标检测算法。基于回归的目标检测算法只需要对图片作一次卷积操作，然后直接在原始图像上通过回归的方法预测出目标的分类与位置，相比基于区域提取的目标检测算法在时间上有很大优势。基于回归的目标检测算法又称为单阶段（One Stage）模型，其将目标检测过程简化成一个具有统一性的端到端回归问题，而且只需将图片处理一次，就能同时得到目标的位置和类别信息。与基于区域提取的两阶段（Two Stage）模型不同，单阶段方法通过完整的单次训练就能实现特征共享，准确率和速度都得到极大提升，这类算法的典型代表有 YOLO、SSD 等。

（一）YOLO 系列算法

1. YOLO v1

2016 年，Redmon J 等提出了一种新的目标检测算法——YOLO（You Only Look Once）。与基于分类的目标检测算法利用分类器来执行检测不同，YOLO 算法将目标检测框架看作空间上的回归问题，单个神经网络可经过一次运算从完整图像上得到边界框和类别概率的预测，有利于对检测性能进行端到端的优化。YOLO 算法以图像的全局信息进行预测，整体结构简单，其检测系统如图 2-10 所示。首先调整图像大小，然后将图像输入单个卷积网络中，并由模型的置信度对所得到的检测结果进行阈值处理。YOLO 算法将检测视为回归问题，不需要复杂的流程，因此检测速度较快，基础网络运行速度可达到每秒45帧；其次，YOLO算法在进行图像检测时，会根据图像语义进行全局预测，背景误检率较低。但是，YOLO算法仍存在定位精度、召回率较低的问题，且对距离很近的物体和很小的物体检测效果不好，泛化能力相对较弱。

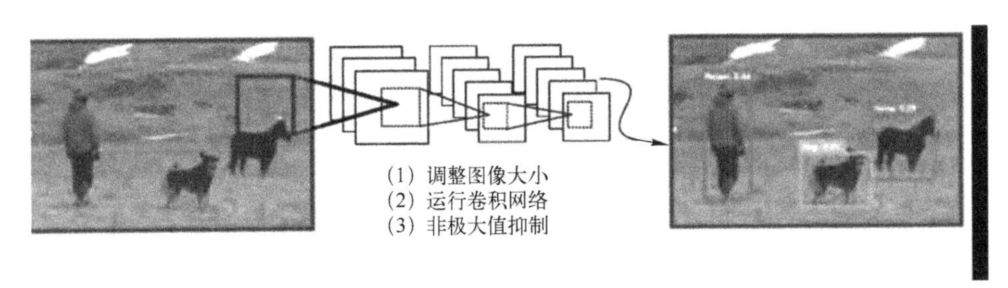

图2-10 YOLO检测系统

YOLO算法首先将图片缩放至448×448像素大小；然后将其送入神经网络中，输出一个维度为$S\times S\times(B\times5+C)$的张量，将输出的张量送入NMS得到最后的边界框和分类信息。其中，S为划分网格数，B为每个网格负责检测的目标个数，C为类别个数。YOLO算法将输入的图片划分为$S\times S$个网格，如果一个目标的中心落在该网格中，则该网格负责检测这个目标。每个网格需要预测B个边界框信息，每个边界框信息包含边界框的位置信息及置信度，同时网格还需要预测各类目标的条件概率值。YOLO算法将检测看作回归问题，只作一次卷积操作，因此检测速度很快。但是，YOLO算法由于划分尺度问题，对小目标的检测效果不太理想。若同时出现两个目标中心落在同一个网格中，算法就不能很好地检测出目标。

2. YOLO v2

YOLO v2把原始图像划分为13×13个网格，并借鉴Faster R-CNN中的锚盒，通过聚类分析，确定每个网格设置5个锚盒，每个锚盒预测1个类别。YOLO v2通过预测锚盒和网格之间的偏移量进行目标位置回归，更有利于神经网络训练，性能指标提升了5%左右。另外，输入图像经过多层CNN网络提取特征后，较小的对象特征可能已经不明显甚至被忽略掉了，学者设计了passthrough层检测细粒度特征。YOLO v2把最后一个池化层之前的26×26×512的特征图拆成4份13×13×512像素，同时经过1×1卷积和2×2池化，得到13×13×1024像素的特征图，然后把两者拼接在一起输出，这有利于改善小尺度目标检测精度。

由于带标签的检测数据集样本数量较少，学者进一步提出用词向量树（Word Tree）混合 COCO 检测数据集（学习目标位置回归）和 ImageNet 分类数据集（学习分类特征），并使用联合优化技术同时在两个数据集上进行联合训练，在 YOLO v2 的基础上实现了超过 9000 种物体类别的检测，称为 YOLO9000 网络。改进后的模型 YOLO v2 在 PASCAL VOC 和 COCO 等标准检测数据集上获得了显著的效果。在 67fps 时，YOLO v2 在 VOC 2007 上的 mAP 为 76.8，在 40fps 时 mAP 为 78.6，比使用 ResNet 网络的 Faster R-CNN 和 SSD 等方法表现更出色，同时运行速度更快；其次提出了一种目标检测与分类的联合训练方法，使用该方法在 COCO 检测数据集和 ImageNet 分类数据集上同时训练 YOLO9000，允许 YOLO9000 预测未经过标注的数据目标类别。YOLO9000 在 ImageNet 检测验证集上获得的 mAP 为 19.7，在 COCO 数据集的 156 个类别上获得的 mAP 为 16.0。

3. YOLO v3

YOLO v3 通过聚类分析[17]，每个网格预设 3 个锚盒，只用了 YOLO v1 和 YOLO v2 中 darknet 结构的前 52 层，即没有全连接层的部分，并大量使用残差结构进行跳层连接。残差结构的基本模块由卷积（conv）、批归一化（BN）和 LeakyRelu（Leaky Rectified Linear Unit）激活函数组成。为了降低池化操作给梯度计算带来的负面效果，YOLO v3 直接摒弃了 YOLO v2 中的 5 次最大池化，通过在 5 次卷积操作时，设置 stride=2 来实现降采样。另外，为了提高小尺度目标检测精度，YOLO v3 通过上采样提取深层特征，使其与将要融合的浅层特征维度相同，但通道数不同，在通道维度上进行拼接实现特征融合，融合了 3×13×255、26×26×255 和 52×52×255 共 3 个尺度的特征图，对应的检测头也都采用全卷积结构。这样既可以提高非线性程度、增加泛化性能及提高网络精度，又能减少模型参数量，提高实时性。因为如果直接用第 61 层输出的 16 倍降采样特征图进行检测，就使用了浅层特征，效果一般；如果直接用第 79 层输出的 32 倍降采样特征图进行检测，深层特征图又太小，不利于小目标检测；而通过上采样把 32 倍降采样得到的特征图尺度扩大 1 倍，然后与第 61 层输出的 16 倍降采样特征图进行拼接（特征融合），更容易提高多尺度目标检测的精度。

YOLO v3 对 YOLO9000 进行了改进，采用的模型比 YOLO9000 更大，进一步提高了检测准确率，但速度比 YOLO9000 稍慢。其具体改进有：增加对候选框是否包含物体的判断，降低检测误差；使用二分类器进行分类，每个候选框可以预测多个分类；增加多尺度预测方法，小物体的检测效果比 YOLO9000 有所提升；提出新的基础网络 darknet-53，该网络在 ImageNet 数据集上对 256×

256 的 Top-5 分类准确率为 93.5，与 ResNet-152 相同，Top-1 准确率为 77.2%，只比 ResNet-152 低 0.4%。与此同时，darknet-53 的计算复杂度仅为 ResNet-152 的 75%，实际检测速度（FPS）是 ResNet-152 的 2 倍。

4. YOLO v4

YOLO v4 的特点是集大成者，是检测算法所用训练技巧的集合。YOLO v4 在原有 YOLO 目标检测架构的基础上，采用了近些年 CNN 领域中最优秀的优化策略，从数据处理、主干网络、网络训练、激活函数、损失函数等各个方面都进行了不同程度的优化，在 COCO 数据集上的平均精度（Average Precision，AP）和检测速率（Frame Per Second，FPS）分别提高了 10%和 12%，是当前最强的实时对象检测模型之一。

YOLO v4 是一个高效而强大的模型，使得开发者可以使用一张 1080Ti 或者 2080Ti GPU 去训练一个超级快速和精确的目标检测器，降低了模型训练门槛。

（二）SSD 算法

为解决 YOLO 系列算法在定位上精度不足的问题，2016 年，Liu W 等提出 SSD（Single Shot MultiBox Detector）算法，将单个深度神经网络应用到图像目标检测中，吸收了 Faster R-CNN 和 YOLO 算法中的许多优点，既有出色的检测精度也有很快的检测速度。SSD 算法框架如图 2-11 所示，其定位边界框定义为一组在空间上离散的默认框，且对应于不同的长宽比与映射位置。在进行预测时，网络会为每个默认框中的目标类别生成对应的概率分数，并调整默认框以实现与目标形状的良好匹配。除此以外，网络还对具有不同分辨率的目标结合其多个特征映射作出完整预测，实现对多尺寸目标的检测任务。SSD 算法简单高效，消除了区域提取以及对像素或特征的下采样阶段，并将所有计算封装到单个网络中，容易进行训练和集成。SSD 算法也采用了类似于 YOLO 的基于回归的方法，在一个网络中直接回归出物体的类别和位置。SSD 取消了 YOLO 算法中的全连接层，直接采用卷积神经网络进行预测。算法在网络结构的不同层次上提取不同尺度的目标特征进行多尺度预测，利用大尺度检测小目标、小尺度检测大目标。算法借鉴了 Faster R-CNN 中先验框的方法，采用不同尺度和长宽比的先验框，有效解决了 YOLO 算法在小目标检测上的不足。在网络结构上，算法选用 VGG16 作为基础网络，在 VGG16 的基础上新增卷积层来获得更多的特征图用于检测。除此之外，算法还采用空洞卷积提高卷积核的感受野。但是 SSD 存在以下问题：小目标对应于特征图中很小的区域，无法得到充分训练，因此 SSD 对于小目标的检测效果依然不理想；无候选区域时，区域回归难度较大，容易出现较难收敛的问题；SSD 不同层的特征图都作为分类网络的独立输入，导致同一个物体被不同大小的框同时检测，造成了重复运算。

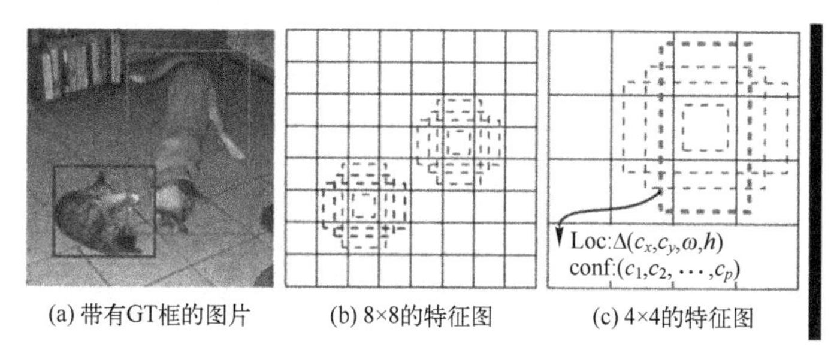

图 2-11　SSD 算法

第三章　小目标特性分析

3.1　小目标特征分析

3.1.1　小目标种类

小目标主要分为基于海面背景的舰船和基于空中背景的低空慢速小目标。低空慢速小目标根据空军雷达探测定义为飞行高度在1000m以下、飞行速度小于200km/h、雷达反射截面积小于$22m^2$的低空飞行物的总称。低慢小目标主要包括低空航拍气球、低空无人机、低空飞艇、动力三角翼等。近年来，由于小目标应用范围逐渐增加，种类也越来越多，下面就几种主要的常见目标进行简要介绍。

一、低空探空气球和系留气球

低空探空气球是将探测仪器带到高空进行温度、大气压力、湿度、风速、风向等气象要素测量的气球。探空气球在气象学方面有着重要的应用，一般工作在平流层，上升速度一般为6～8m/s，上升到30km的高度自行爆破。系留气球是指用缆绳等将其拴住，控制在地面绞车上，且高度可控的气球。系留气球的上升高度一般为2km以下，可用作大气和环境监测等民用领域和军事领域。探空气球和系留气球在特定用途中使用，气球的升放要经过相关部门的批准，但不排除不法分子不遵守国家相关规定进行不法行为。气球意外升空会给空中交通航线带来巨大威胁，针对低空系留气球以及探测气球的检测尤为重要。常见的系留气球和航拍气球如图3-1所示。

二、低空无人多旋翼飞行器

常见的无人机包括无人直升机、无人伞翼机、无人飞艇、无人多旋翼飞行器等。它们通常是利用无线电遥控和自备程序控制操作。在众多飞行器中，无人多旋翼飞行器由于价格低廉、操纵简单等原因近些年来占据了主流地位。多旋翼飞行器的飞行高度通常在1000m以内，应用范围广泛，在低空区域活动频繁，一些无资质、未经审批的个人和单位利用无人机对地面进行测绘的行为给空中秩序造成了极大的影响，同时也给国家安全带来了极大的威胁。常见的无人多旋翼飞行器如图 3-2 所示。

(a)

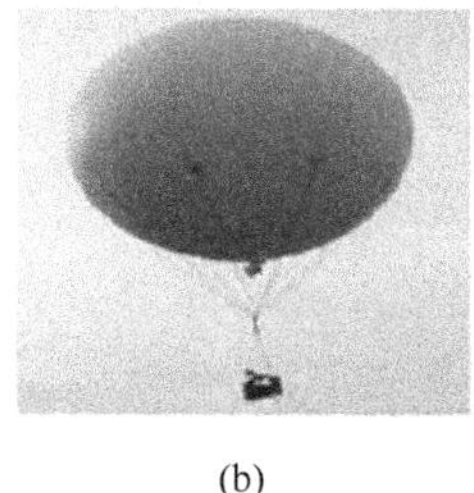

(b)

(c)

图 3-1　低空探空气球和系留气球

(a) 四旋翼飞行器

(b) 六旋翼飞行器

(c) 八旋翼飞行器

图 3-2　多旋翼飞行器

三、低空动力三角翼

动力三角翼是一种滑行性能良好的轻型飞行器，广泛应用于旅游、运输、农业、森林防火、环境监控、渔业、养蜂业、地质勘探等领域。动力三角翼操作简单，升空容易，在众多航空器中最受欢迎，在未来航空领域中有着重要的价值，动力三角翼有着不能忽视的发展前景。常见的动力三角翼如图 3-3 所示。

(a)

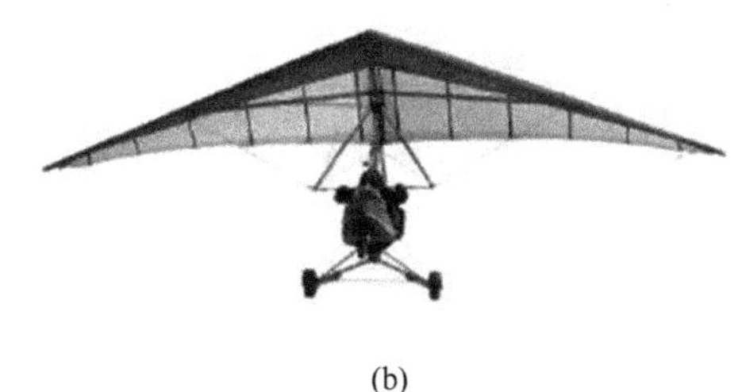

(b)

图 3-3　动力三角翼

四、低空飞机

低空飞机飞行速度较快，不属于低慢小目标的一种，但是在低空监测设备中能观察到，作为低慢小目标的负样本，同样需要对飞机目标进行分析。低空飞行的飞机多为民航飞机，在远距离光电探测设备中，多呈现侧视图，如图 3-4 所示。

(a)

(b)

图 3-4　低空民航飞机

五、海空背景下舰船小目标

由于观测舰船等海上目标的距离一般比较远，通常都在几千米之外。在这种情况下，目标不会单独处在天空背景区域，或者说单独处在海面背景区域，目标图像一般都处于海天线区域。如果距离够远，舰船小目标一定处在海天线上，只是所占像素大小有差别而已。为了航行安全，通常海面上的舰船之间都留有一定的安全行驶距离，因此一定范围内舰船目标不会太多。

3.1.2　小目标特性

目标种类不同，特点也就不同，在探测设备中表现出的特性也不同，给检测识别带来了困难。由于小目标飞行高度低、飞行速度慢，致使其通常表现在图像当中有以下特点（图 3-5）。

（1）背景复杂。由于目标本身飞行高度较低，又要求在远距离情况下发现目标，导致光电探测设备检测视场范围广，检测到的目标图像存在大面积的城市建筑物背景，复杂的背景增加了检测难度。

（2）干扰条件。低空光电探测设备在远距离情况下探测目标，探测精度会随着光学镜头受近地面大气扰动影响而波动，使得目标成像不清晰。其次，雾霾天气和高层建筑物遮挡也会给目标探测带来困难。

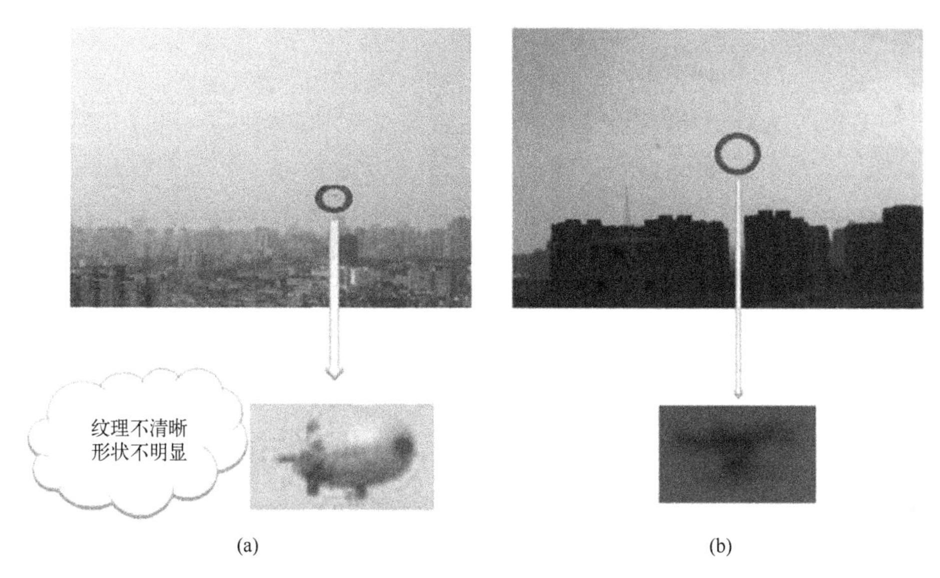

(a)　　(b)

图 3-5　低慢小目标成像特性

（3）几何特征。航拍气球、动力三角翼以及遥控航空模型等目标由于本身的面积较小，远距离探测导致其呈现面积小，像素大小为几十到几千不等。

（4）运动特性。不同的低空飞行目标，运动轨迹大不相同，有的目标轨迹为直线，有的为斜线，有的轨迹为盘旋状，导致传统的目标检测方法检测困难。

3.2　小目标检测难点分析

鉴于低空空域安全考虑，特别对低慢小目标的管控提出更高的要求，往往需要对低慢小目标进行管控。目前已有的低慢小目标管控系统主要实现对单一目标进行侦测和探测，很难实现对低慢小目标进行自动探测、跟踪、识别，同时能够避开障碍物进行检测，快速实现对目标的锁定和跟踪，以及对目标攻击和入侵的自动预警和管控，提高低慢小目标管控系统的防御能力。

目前，海面小目标检测仍然面临一定的难度，主要表现在两个方面。一方面，海面小目标检测算法精度不够高。海浪波动造成动态的海面噪声，而海空云雾造成空中干扰等，这些复杂的环境给小目标检测算法带来挑战，检测精度不理想。另一方面，海面小目标检测算法适应性较差、不够稳定。海面环境多变，包括港湾、海岛、普通海岸、入海口等，目标形状、色彩多变，如各形态和颜色的船舶、飞机等，给算法的泛化性和稳定性造成很大影响。

海面小目标检测的难点主要体现在以下 4 点：①海面宽阔，视野广，海面目标分布不均匀；②海面波浪起伏容易遮挡海面小目标，造成可用特征少；③海面天气环境多变，多雾多雨，造成目标模糊；④难以区分船只与海面岛屿、礁石、浮标等，导致误判。针对这些难点，目前的方法主要从网络结构出发，通过提取多尺度特征，引入注意力机制等加强对小目标的检测。但是，一方面这些方法缺乏针对性，依旧无法高效地利用包含更多小目标信息的低层信息实现高精度的海面小目标检测；另一方面目前市场上没有优秀的海面小目标公开数据集，而海面小目标又因为其分辨率低而存在标注困难、边界框标注不准确等问题。

在海面小目标检测领域中，小目标的仿真图像增强主要存在以下两个问题：①如何选择小目标的嵌入位置；②如何将仿真小目标无缝融入海面场景之中。一方面海平面上的波浪起伏会导致船只的上下起伏，从而使嵌入位置的选择变得困难。另一方面，目前已有的无缝融合技术，如泊松融合技术，并不适用于小目标（10×10 像素），并且无法将目标融入大雾、阴雨等天气场景。

第四章　基于光照补偿的小目标图像增强方法

4.1 引　言

图像增强是图像处理的一种基本手段，它往往是各种图像分析与处理时的预处理过程，对于提高图像的质量起着重要的作用。它通过有选择地强调图像中某些信息而抑制掉另一些信息，以改善图像的视觉效果，将原图像转换成一种更适合于人眼观察和计算机进行分析处理的形式。在图像采集的过程中，光源的方向、明暗、色彩等都会对图像产生很大的影响。由于光照的不均匀使得图像的视觉效果较差，另外还使得图像中局部区域，尤其是光照不足部分对比度较低，造成人眼无法对其特征进行识别，因此有必要通过某些算法改变图像的对比度。目前，图像增强算法分为两大类：全局增强和局部增强。全局增强是按照一定的规则通过改变整体亮度来达到对比度增强的目的，典型的算法有直方图均衡、非线性变换（如对数变换）等。直方图均衡有利于图像对比度的提高，但由于该方法将原始图像中的多个灰度级合成一个新的灰度级，因此，原始图像中的一些细节，如纹理信息有可能丢失，某些图像，如直方图有高峰，经处理后对比度不自然地过分增强。非线性变换，如对数变换，能够将图像中低灰度级部分进行拉伸，而将高灰度级部分进行动态压缩，能够有效地对图像进行光照补偿，但容易丢失一些边缘信息。总的来说，上述算法对整体对比度低的情况效果比较理想，对于局部低对比度图像处理的效果差。理论上讲，图像的局部增强可以实现任意情况下的增强处理，在处理局部低对比度图像上效果要优于全局增强算法。

1971 年，Edwin Land 提出一个关于人类视觉系统如何调节感知到物体的颜色和亮度的模型——Retinex（视网膜（Retina）和大脑皮层（Cortex）的英文缩写）算法，它可以在灰度动态范围压缩、边缘增强和颜色恒定性三方面达到平衡，因而可以对各种不同类型的图像进行自适应地增强，其实质上是一种基于光照补偿的图像增强算法。目前，SSR（Single scale retinex）[88] 和 MSR（Multi Scale Retinex）算法在光照补偿中取得了广泛的应用。

Retinex 增强算法将图像分解为照射分量和反射分量，通过改变其照射分量和反射分量在图像中的比例来达到增强图像的目的。然而 Retinex 算法有如下缺点。

（1）由于 Retinex 计算能够消除光照强度对图像的影响，使阴影或者高光区域的图像信息能够更好地被人眼所观察。这种方法的特点是结果图像中各像素的相对明暗关系受光源的影响很小，能大幅度地改善图像的主观质量。

（2）Retinex 增强算法在滤掉了照射光的时候仅保留了反射光，从而导致增强后的图像具有较好的边缘细节，而对比度较差，且或多或少地引入了一些噪声，致使图像不够平滑。

（3）照射分量估计是 Retinex 算法的核心，Retinex 没有统一的理论模型，各种算法只是在试验中验证各自对光照补偿的有效性。上述各种 Retinex 算法都假设图像的照明是平滑的，因此在全局上对图像的光照补偿具有较好的效果，但对于局部光照变化较大的图像，其通过光照补偿的图像增强效果不太理想。

因此，本章提出了一种基于 NLEMD 和 Retinex 图像增强算法，充分利用 NLEMD 的信息挖掘功能，并对 NLEMD 的剩余分量进行 Retinex 增强，最后将结果叠加得到增强图像，弥补 Retinex 算法对比度低、局部增强效果差的缺陷。该算法对多个灰度级别纹理信息分量分别进行了增强，增强了低对比度灰度区间的纹理细节，保证人眼接受的亮度范围的同时暗处的细节也被相当好地增强，可得到舒适的视觉效果，同时细节上也更加丰富。

首先，本章分别研究单尺度 Retinex 算法、多尺度 Retinex 算法和 McCann's Retinex 算法；然后，提出基于 NLEMD 的 Retinex 图像增强方案，并给出具体的增强算法；最后，给出三种类型的图像增强试验结果，分别是自然图像的增强试验、人脸图像的增强试验和海面舰船的增强试验。

4.2 Retinex 理论

Retinex 理论主要用于补偿受照射光影响严重的图像。它的主要目标就是将一幅给定的图像 S 分解成两幅不同的图像：亮度图像 $L(x,y)$ 和反射图像 $R(x,y)$，即

$$S(x,y)=R(x,y)\cdot L(x,y) \tag{4-1}$$

图 4-1 为 Retinex 分解示意图。

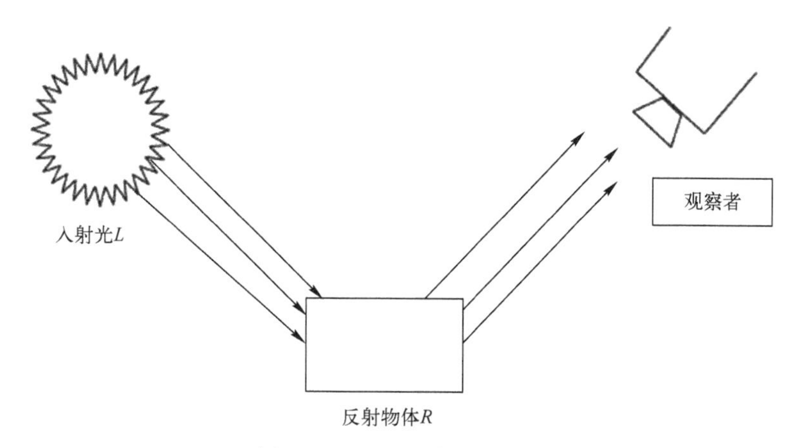

图 4-1 Retinex 分解示意图

取对数将亮度图像和反射图像分离，即

$$\lg[S(x,y)]=\lg[R(x,y)]+\lg[L(x,y)] \tag{4-2}$$

实际上，照射光 L 直接决定了一幅图像中像素所能达到的动态范围，而反射物体 R 则决定了一幅图像的内在性质。Retinex 理论的实质就是从图像 S 中获得物体的反射性质 R。由于场景中物体的照射亮度，对应于图像的低频部分，而场景中物体的反射亮度，对应于图像的高频部分，因此利用低通滤波器 $G(x,y)$来估算图像 $S(x,y)$的亮度图像 $L(x,y)$，进而抛开照射光 L 的性质来获得物体本来的面貌，即

$$\lg[R(x,y)]=\lg\frac{I(x,y)}{L(x,y)}=\lg[I(x,y)]-\lg[I(x,y)\cdot G(x,y)] \tag{4-3}$$

从而通过改变亮度图像和反射图像在原图像中的比例来达到增强图像的目的，增强过程如图 4-2 所示。

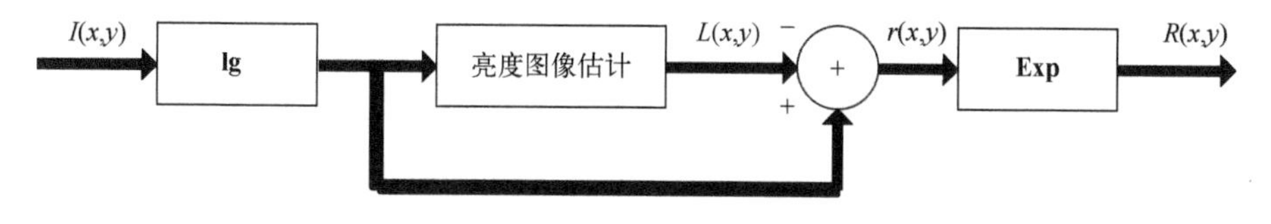

图 4-2 Retinex 增强过程

4.2.1 单尺度 Retinex 算法

单尺度 Retinex 算法是 Jobson 及其同事在 1997 年对 Edwin Land 中心/环绕 Retinex（Center/Surround Retinex）的改进和实现[88]。设原图像为 $I(x,y)$，亮度图像为 $L(x,y)$，反射图像为 $R(x,y)$，有 $I(x,y)=L(x,y)\cdot R(x,y)$，同时假

设亮度图像是平滑的，则在对数域中，单尺度 Retinex 可以表示为式（4-3）。下面从视觉理论和光学理论两方面介绍单尺度 Retinex 可以实现颜色恒定性、动态范围压缩和边缘增强的机理。

根据视觉理论，人眼之所以能够看到物体，是因为场景中存在光源亮度（Source Illumination）和物体反射（Object Reflectance），在图像中它们分别对应于亮度图像和反射图像。由于物体反射何种颜色的光线是由物体本身的性质决定的，不因光源或光线亮度的变化而变化。因此，式（4-3）表明，通过在原图像中去除亮度图像即光源亮度的影响，就可以得到对物体反射光线颜色的本质描述，即颜色恒定性。

同时，由于人眼对灰度跳变处即边缘等高频信息比较敏感，由于式（4-3）中的卷积函数是低通函数，所以用 $G(x,y)$ 估算的亮度图像 $L(x,y)$ 对应于原图像的低频部分，单尺度 Retinex 从原图像中去除低频部分 $L(x,y)$，得到的是原图像高频部分的描述，即对应于边缘。因此，单尺度 Retinex 不仅可以实现颜色恒定性，而且可以实现边缘增强。

根据光学理论，假设 $S(x,y)$ 表示光源亮度的空域分布，$O(x,y)$ 表示场景中物体反射光线的分布。则人眼中物体反射光线的分布可以描述为

$$R(x,y)=\lg\frac{S(x,y)\cdot O(x,y)}{\overline{S(x,y)}\cdot\overline{O(x,y)}} \tag{4-4}$$

式中：$S(x,y)\cdot O(x,y)$ 为光源光线空域分布和反射光线分布平均值的乘积，描述人眼中物体的亮度。通常光源亮度本身是不变的，即 $S(x,y)\approx\overline{S(x,y)}$。

$$R(x,y)=\lg\frac{O(x,y)}{\overline{O(x,y)}} \tag{4-5}$$

这也就说明了反射图像 $R(x,y)$ 仅由反射光线分布和反射光线分布的平均值来决定，与光源亮度无关。因此，如果可以从原图像中计算出亮度图像，便可以得到反射图像的数学描述 $R(x,y)$，进而实现颜色恒定性、动态范围压缩和边缘增强。

但是，从原图像中计算亮度图像在数学上是一个奇异问题。在单尺度 Retinex 图像增强算法中，Jobson 论证了高斯卷积函数可以对原图像提供更局部的处理，因而可以更好地增强图像，其可表示为

$$G(x,y)=\boldsymbol{\lambda}\cdot \mathrm{e}^{\frac{-(x^2+y^2)}{c^2}} \tag{4-6}$$

式中：$\boldsymbol{\lambda}$ 为常量矩阵，它使得

$$\iint G(x,y)\,\mathrm{d}x\mathrm{d}y=1 \tag{4-7}$$

c 为尺度常量。c 越小，灰度动态范围压缩得越多，c 越大，图像锐化的越厉害。试验表明，尺度常量在 80~100 之间时，灰度动态范围压缩和对比度增强可以达到较好的平衡。

4.2.2　多尺度 Retinex 算法

多尺度的反射图像，Retinex 是单尺度 Retinex 的加权平均，则多尺度 Retinex 在对数域中可表示为

$$r(x,y)=\sum_{i=1}^{N}w_i\{\lg[I(x,y)]-\lg[I(x,y)]\cdot G_i(x,y)\} \tag{4-8}$$

式中：N 为尺度的个数，通常 $N=3$；w_i表示加权系数，若 $N=3$，则 $w_i=1/3$。

$G_i(x,y)$可表示为

$$G_i(x,y)=\boldsymbol{\lambda}\cdot \mathrm{e}^{\frac{-(x^2+y^2)}{c_i^2}} \tag{4-9}$$

式中：c_i表示尺度。

试验证明，当 c_i取 15、80、200 时可以得到较好的结果。近年来，人们在多尺度 Retinex 算法中引入了颜色恢复算子，形成了带颜色恢复的多尺度 Retinex 增强算法，这种算法对彩色图像具有非常好的视觉增强效果。

4.2.3　McCann's Retinex 算法

McCann's Retinex 算法是 McCann 和 Sobel 一起提出的一种 Retinex 算法，这种算法可以描述为：首先，将粗亮度层 $L(x,y)$初始化为原始图像 $I(x,y)$；然后，算法按以下步骤对图像进行处理：

$$L_{n+1}(x,y)=\max\left\{\frac{L_n(x,y)}{2}+\frac{L_n(x,y)+D_n[L_n(x,y)]}{2}\right\}\quad (n=0,1,2,\cdots) \tag{4-10}$$

式中：D 为转换算子，将图像螺旋式地转换 n 次使图像转换成矢量$\{d_n\}$，如图 4-3 所示。

第一次替换的大小是图像长和宽中最小值的一半，循环中非线性（max）操作使得 $L(x,y)>R(x,y)$。

Funt 近来提出了一种多分辨率的 McCann's Retinex 算法。通过对给定的图像构建一个高斯金字塔，算法从最粗亮度层上开始，在每一个分辨率层的每一个方向上用一个像素来替换 D_n。多分辨 McCann's Retinex 比通常的 McCann's Retinex 算法运算速度快，但增强效果没有以前好。

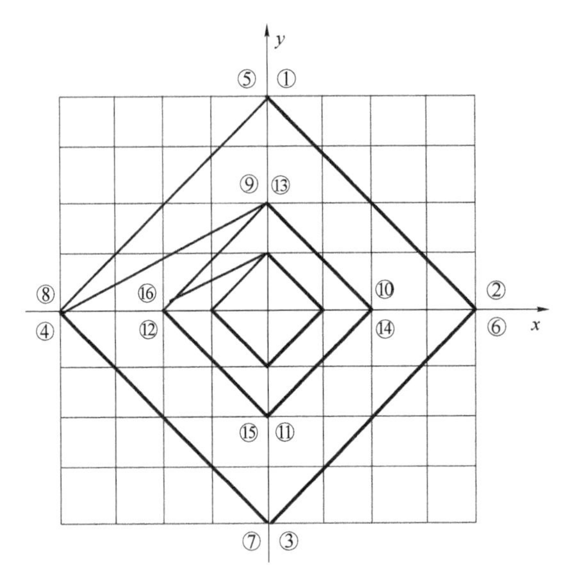

图 4-3　D_n中迭代矢量序列

4.3　EMD 算法

4.3.1　一维 EMD 算法

EMD 与现有的信号处理方法不同，它是基于数据本身。用这方法处理非线性、非平稳的数据比较有效，并且能在空域中将数据进行分解，与小波方法比较，有更好的时频特性。因此，EMD 在应用与研究领域都获得广泛关注。EMD 在信号处理领域应用主要包括潮汐、地震、天气、医学、语音等信号处理，能够完成将信号分解为不同（缓变）周期成分之和、信号预测、突变检测等任务。对于这个工具的研究主要有：边界处理；使用不同插值方法构造包络（如用 B 样条）；终止条件确定（如用双阈值）；对 IMF 进行数学建模（如用常微分方程模型）；EMD 分解的滤波性质（如对于随机分形信号具有半带滤波性质）等。

EMD 可将每组数据分解为 IMF（Intrinsic Mode Function）函数和趋势项。IMF 函数的主要特征是它的上下包络对称。上包络的定义是把极大值点利用三次样条函数连接起来得到的，下包络的定义是把极小值点利用三次样条函数连接起来得到的。IMF 定义为：①在一段数据中极值点数量等于数据过零点数量或者最多相差为 1；②在任何一点由极大值点和极小值点定义的包络的平均值为 0。

EMD 方法是基于以下三个假设：数据中至少要有两个极值点，一个最小值、一个最大值；特征时间尺度是由两个相邻极值点的时间间隔所决定；如果数据没有极值点，而只有拐点，那么可以通过一阶或多阶微分得到极值点，最后可以把各模态积分得到各成分。

分解是通过上下包络来完成的，如果极值点已被找到，所有的上极值点可以通过三次样条函数连接成上包络，同样可以得到下包络。设一维信号 $f(t)$，上下包络的均值记为 m_1，数据和 m_1 之间的差记为 h_1，则

$$f(t)-m_1=h_1 \tag{4-11}$$

理想情况下 h_1 即为 IMF 函数，实际上，h_1 一般都不是 IMF 函数，所以要把 h_1 作为数据，继续进行如上过程：

$$h_1-m_1=h_{11} \tag{4-12}$$

重复以上过程 k 次，直到 h_{1k} 为 IMF 函数：

$$h_{1(k-1)}-m_{1k}=h_{1k} \tag{4-13}$$

得到第一个 IMF 函数，记为 imf_1。把 imf_1 从数据中分离出来：

$$f(t)-\text{imf}_1=r_1 \tag{4-14}$$

由于余数 r_1 一般还包含 IMF 函数。把 r_1 作为新数据进行如上处理，直到 r_n 不包含 IMF 函数 $r_1-\text{imf}_1=r_2,\cdots r_{n-1}-\text{imf}_n=r_n$，就得到

$$f(t)=\sum_{i=1}^{n}\text{imf}_i+r_n \tag{4-15}$$

即可以把原始数据 $f(t)$ 分解成 n 个基本模式分量及一个剩余分量 r_n，r_n 可以是平均趋势或常量。同样，利用式（4-15）将内蕴模式函数分量和剩余量反向构建原信号 $f(t)$。

EMD 对于处理非平稳信号的优势在于：①对信号的分解是数据驱动的和自适应的，对于大量实际信号的试验说明这种分解许多情况下是符合物理意义的，可以得到基本的近似周期成分；②IMF 中可定义合理的瞬时频率特征（Hilbert 谱）；③得到的 IMF 具有波内调制特性（Intra-wave Modulation），把本来只能由弥散的 Fourier 频率表达的同一成分的信息浓缩到一个成分内部（这正是 Huang 所强调的）。

图 4-4 为 EMD 方法处理数据的一个实例。至此，我们得到 n 个模态和一个趋势项 r_n。图 4-4（a）原始数据为一幅探潜 SAR 图像的一行像素值，图 4-4（b）~图 4-4（k）分别为各个模态，图 4-4（l）为趋势项。各个模态相当于不同尺度的成分，第一模态相当于最小尺度成分，如果将趋势项当成某

个 IMF 函数的一部分，那么趋势项是最大尺度的成分。从各个模态上可以发现，EMD 方法有很好的局域特性。

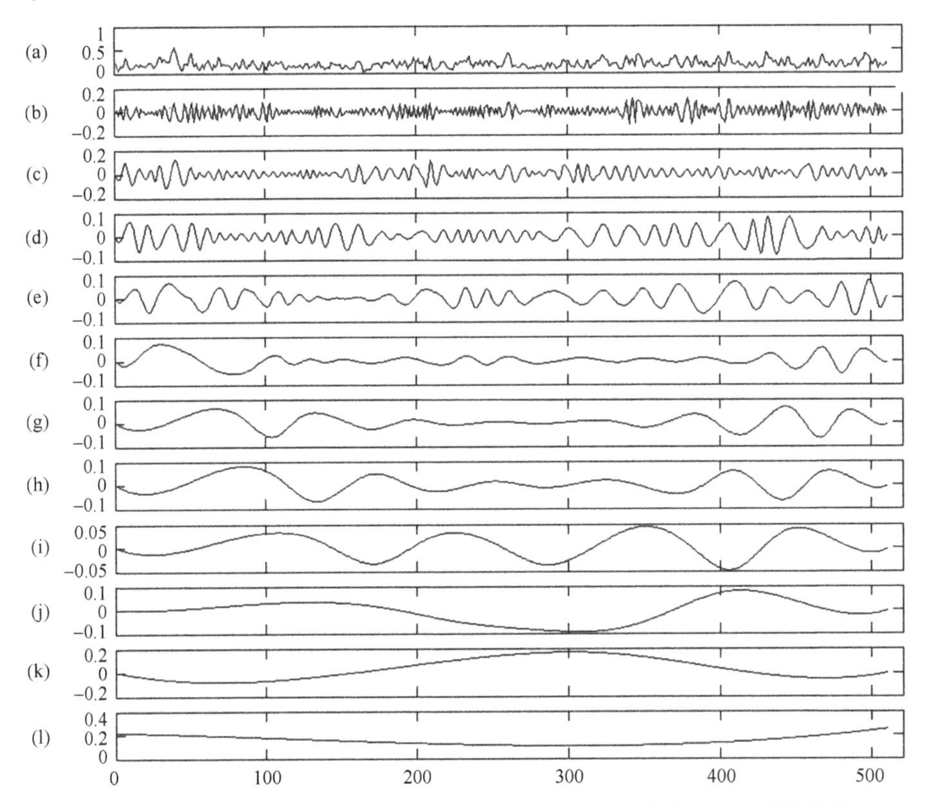

图 4-4　探潜 SAR 图像的一行像素值经 EMD 分解后得到的 IMF 和剩余分量

4.3.2　二维 EMD 算法

与在一维信号处理中所获得的广泛关注相比，二维 EMD 分解的研究与应用还刚刚起步。正如 EMD 方法在处理一维非平稳信号具有优势一样，其在二维非平稳信号处理方面也有独特之处。2001 年，宋平舰使用径向基函数或平面剖分构造二维包络进行二维分解的讨论，使用的径向基函数提取包络的方法在计算量上和存储量上开销太大。2005 年，刘忠轩提出了方向 EMD 分解（Directional EMD，DEMD）解决了上述问题。同年，徐冠雷又提出了限邻域 EMD（NLEMD），他提出了二维图像的局部自适应均值算法求取局部均值，NLEMD 消除了以往算法图像分解时普遍存在的灰度斑现象，而且可以根据需要精细分解出各种层次信息。

一、二维经验模式分解

二维经验模式分解是最近提出的图像度分析方法，其与传统多尺度分析技术区别主要在于具有自适应和完全数据驱动的特性。

二维 EMD 分解步骤如下：

第一步，求平面局部极值点。求平面局部极值点即求平面上所有值比周围紧邻点都大或都小的点。对于边界数据的处理，因为其只有一半邻域有数据，所以只能在 1/2 的邻域区间内寻找极值点。

第二步，平面剖分。极值点找出来后，它们在平面上是散乱分布的，需要把它们按一定的邻接关系有序地组织起来，以便在空间上进行曲面拟合。二维 EMD 分解采用的是 De-launay 三角剖分。

第三步，包络面的拟合。对于曲面极大值点与极小值点进行拟合，形成其包络面，这是此方法的关键。而它采用的是 BB 插值法，这是在剖分所提供的离散点邻接表的基础上进行的，此插值法可以保证在三角形每一条邻接边上二阶光滑，曲面拟合效果好。

第四步，图像尺度分离。按照一维 EMD 分解的方法对图像信息 $F(x,y)$ 进行尺度分离。

二维经验模式分解与传统多尺度分析技术区别主要在于：①通过局部尺度确定极值点距离，从而使分解具有自适应和完全数据驱动的特性；②成分的提取都使用迭代计算方法，并使用某种准则确定迭代的终止。因此，二维经验模式分解在自适应的提取图像符合视觉感知的成分上有其独特的优势。但存在一系列难题：第一，方法缺乏理论基础；第二，有关于特征提取的讨论和具体应用的尝试；第三，使用的径向基函取包络的方法在计算量上和存储量上开销太大。

二、方向 EMD

1998 年 Huang 等人提出 EMD 方法以进行非平稳、非线性信号处理。这种工具首先将信号分解为满足以下条件的成分*：①零点数目与极值点数目相同或至多相差 1；②函数关于局部平均对称。满足这些条件的函数称为固有模态函数（Intrinsic Mode Function，IMF），而进行这种分解的算法就是 Huang 等人提出的“筛”法，关于信号 $x(t)$ 的 EMD 分解可以表示为

$$x(t) = \sum_{i=1}^{n} \mathrm{imf}_i(t) + r_n(t)$$

式中：$\mathrm{imf}_i(t)$ 就是所得的 IMF；$r_n(t)$ 是单调的残差函数。

EMD 对于处理非平稳信号的优势在于：①对信号的分解是数据驱动的和

自适应的，对于大量实际信号的试验说明这种分解许多情况下是符合物理意义的，可以得到基本的近似周期成分；②分解的成分（IMF）中可定义合理的瞬时频率特征（Hilbert 谱）；③得到的 IMF 具有波内调制特性（Intra-Wave Modulation），把本来只能由弥散的 Fourier 频率表达的同一成分的信息浓缩到一个成分内部（这正是 Huang 所强调的）。由于这些原因，自 1998 年 EMD 被提出以来，其在应用与研究领域都获得广泛关注。EMD 在信号处理领域应用主要包括：潮汐、地震、天气、医学、语音等信号处理，能够完成将信号分解为不同（缓变）周期成分之和、信号预测、突变检测等任务。对于这个工具的研究主要有：边界处理，使用不同插值方法构造包络（如用 B 样条），终止条件确定（如用双阈值），对 IMF 进行数学建模（如用常微分方程模型），EMD 分解的滤波性质（如对于随机分形信号具有半带滤波性质）等。与在一维信号处理中所获得的广泛关注相比，二维 EMD 分解的研究与应用还刚刚起步，仅有对于使用径向基函数或平面剖分构造二维包络从而进行二维分解的讨论和对于纹理抽取的应用。与 EMD 方法在处理一维非平稳信号具有同样优势，其在二维非平稳信号（如多纹理图像）处理方面也有独特之处。

与一维 IMF 和 EMD 定义类似，定义二维 IMF 和 DEMD 如下。

定义 1 给定角度信号 $u(x,y)$，若满足下列条件则被称为对应于方向的二维 IMF：

对 $\forall c \in R$ 有

$$v_{1,c}^{\theta}(x)=u(x,[\tan(\theta)x+c]),\quad 0\leqslant\theta\leqslant\frac{\pi}{2},$$

$$v_{2,c}^{\theta}(x)=\begin{cases}u\left(x,\left[\tan\left(\theta+\dfrac{\pi}{2}\right)x+c\right]\right), & 0<\theta<\dfrac{\pi}{2}\\ u(\cdot,x), & \theta=0\end{cases}\tag{4-16}$$

有 $v_{1,c}^{\theta}(x)$ 和 $v_{2,c}^{\theta}(x)$ 都满足条件（带 * 号部分）。$v_{1,c}^{\theta}(x)$ 和 $v_{2,c}^{\theta}(x)$ 称为 IMF 的一维采样。

定义 2 图像 $f(x,y)$ 对应于方向 θ 的 DEMD 就是如下分解：

$$f(t)=\sum_{i=1}^{N}\mathrm{imf}_{i}^{\theta}(x,y)+r_{i}^{\theta}(x,y)\tag{4-17}$$

式中：$\mathrm{imf}_{i}^{\theta}(x,y)$ 是对应于方向 θ 的二维 IMF；$r_{i}^{\theta}(x,y)$ 对于 $v_{1,c}^{\theta}(x)$ 和 $v_{2,c}^{\theta}(x)$ 至少存在一个单调一维采样。

DEMD 的关键之一是分解方向的确定。二维规则一致随机场可以唯一地分解为三个正交的部分：纯随机、规则随机场 $w(x,y)$；对应于周期成分的半平面确定性随机场 $p(x,y)$；对应于方向性成分的广义瞬时随机场 $g(x,y)$。

$p(x,y)$和$g(x,y)$的谱分布函数分别是二维和一维奇异函数，而$w(x,y)$的谱分布函数是绝对连续的。根据这些，多纹理图像的谱分布函数包含多个二维和一维奇异函数，这些都体现了纹理的方向性信息。为了提高分类效果我们提取了多个方向，每个方向对应一个 DEMD 分解。

在这些分解中，沿对应于$g(x,y)$成分的方向进行分解是处理沿这些方向的非平稳性；而沿对应于$p(x,y)$成分的方向是为了将周期成分与其他部分区分开来。在提取对应周期成分的二维奇异谱之前，先提取对应方向成分的一维奇异谱，这是通过提取谱的 Radon 变换极大值得到的。

三、限邻域 EMD

2005 年，徐冠雷提出了基于时频特性的不相容原理限邻域经验模式分解，采用基于局部自适应均值代替上下包络的 NLEMD 算法。它根据时频特性的 Heisenberg 测不准原理：时宽×带宽$=T_s B_s=\Delta t_s \Delta\omega_s \leqslant 0.5$（其中，$\Delta t_s$和$\Delta\omega_s$分别为时间分辨率和频率分辨率，$T_s$和$B_s$分别为相应的时宽和带宽），通过在时域内限定最小空间分辨率，就可以在频域内获得一个最大的频率分辨率，在每一次分解过程中都有一个最小频率与之对应，这样就可以根据需要任意控制每次分解的内蕴模式分量的最高频率分辨率。由于在图像中是通过相邻域内极值点间的距离加以实现，因此称为限邻域经验模式分解（Neighborhood Lmited Empirical Mode Decomposition，NLEMD）。

NLEMD 克服以往 EMD 分解均采用对极大极小点构成的上下包络线求均值的算法获取局部均值的缺陷，提出二维图像的局部自适应均值算法求取局部均值。

对于二维图像$f(x,y)$，经验模式分解可描述为

$$f(x,y)=\sum_{i=1}^{L}\mathrm{imf}_i(x,y)+r_L(x,y) \tag{4-18}$$

式中：$\mathrm{imf}_i(x,y)$为第i次分解的内蕴模式函数分量$r_L(x,y)$经过L次分解后的剩余量。

NLEMD 消除了以往算法图像分解时普遍存在的灰度斑现象，而且可以根据需要精细分解出各种层次信息。

4.4　基于 NLEMD 的 Retinex 图像增强方法

4.4.1　增强方案

Retinex 增强算法将图像分解为照射分量和反射分量，通过改变其照射分

量和反射分量在图像中的比例来达到增强图像的目的。照射分量估计是Retinex算法的核心，但还没有统一的理论模型，各种算法只是在试验中验证各自对光照补偿的有效性。现有各种Retinex算法都假设图像的照明是平滑的，因此在全局上对图像的光照补偿具有较好的效果，但对于局部光照变化较大的图像，其通过光照补偿的图像增强效果不太理想。EMD分解理论利用寻找局部极值将数据分解成不同频率特性的数据成分[61]。光照不均匀的图像进行EMD分解之后，高频分量主要包含丰富的纹理信息。因此，利用这一特点，可以从EMD分解结果的高频部分充分挖掘纹理细节，达到图像增强的目的。另外，EMD分解的剩余分量为低频信息，图像的光照变化信息主要集中在这一层。因此，利用现有基于光照平滑性假设的Retinex算法对EMD分解后的剩余分量进行照射分量的估计，理论上可以获得更为精确的光照计算，从而可以获得更优的光照补偿效果。充分利用EMD的信息挖掘功能和Retinex的光照补偿功能，可以有效地实现对图像的增强。本节首先将待增强图像分别提高n_1，$n_2,\cdots,n_m$倍照射系数来补偿其在高光或阴影区域的光照；然后分别将这些图像通过NLEMD分解后，将其中分解后亮度较均匀的剩余分量（图像的照射分量）利用Retinex算法增强，即只调整图像的照射分量，使得图像的照射分量均匀；最后把反射分量和调整后的照射分量叠加，便得到增强后的图像，如图4-5所示。

EMD能够将复杂的信号分解为若干个本征模态函数（Intrinsic Mode Functions IMFs）和一个残余项，从而揭示信号的内存动态特性。由于EMD分解是基于信号时域局部特征的，因此分解是自适应的，特别适合用来分析非平稳非线性过程，它能清晰地分辨出交叠复杂数据的内蕴模式。NLEMD消除了以往各种EMD算法图像分解时普遍存在的灰度斑现象，根据需要可以精细分解出各个层次信息[133]。经过NLEMD分解之后的图像，高频部分主要包含了图像的纹理细节，低频部分为图像中缓慢变化部分。如果将图像看成是反射分量和照射分量两部分，那么照射分量大部分都集中在剩余分量中。充分利用NLEMD分解后的高频信息，并对剩余分量进行Retinex增强，均衡图像中的照明分量，可以有效地实现图像的增强并平衡全局光照。

本方案首先对待增强图像进行直方图均衡化处理；然后根据图像中的光照分布情况，将待处理图像的像素灰度值分别提高$n_1,n_2,\cdots,n_m$倍得到m幅新的图像，最后将这m幅图像以及原始图像协同NLEMD分解和Retinex算法实现非均匀光照图像的增强。本方案从以下4个方面来完成。

(a) 原始图像

(b) 第一层内蕴模式分量

(c) 第二层内蕴模式分量

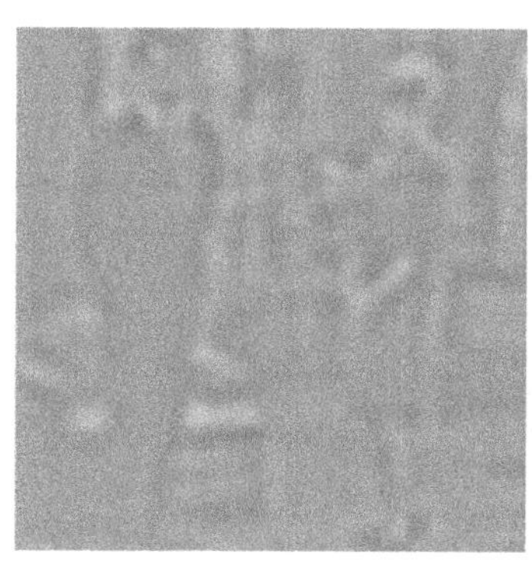
(d) 第三层内蕴模式分量

(e) 剩余分量

图 4-5　对 Couple 标准图像进行 NLEMD 分解

（1）对原图像$f(x,y)$进行直方图均衡化处理得到$f'(x,y)$。

（2）利用多幅提高照射系数的图像全局补偿待增强图像的照射光。将第（1）步的处理结果分别提高 $n_1,n_2,\cdots,n_m$倍照射系数来得到多幅图像，即

$$f'_i(x,y)=n_i f'(x,y)\quad(i=1,2,\cdots,m)\tag{4-19}$$

目的是补偿图像的不同强度的照射光，从而可以得到更多的暗处或明处的细节信息，为后续处理提供了更丰富的低频和高频信息。

（3）利用 NLEMD 分解提取图像的照射分量和反射分量。在补偿过图像的照射光后，便可利用 NLEMD 充分提取所有已知图像的各个频率信息，即

$$f'_{ij}(x,y)=\sum_{j=1}^{l}\mathrm{imf}'_{ij}(x,y)+r'_i(x,y)\tag{4-20}$$

NLEMD 分解后得到的内蕴模式分量相当于提取了图像的高频信息，即图像的细节和边缘；而剩余分量相当于将图像经过了一个低通滤波器，即得到的是图像的低频分量或照射分量。

（4）利用 Retinex 调整图像的照射分量。选取待增强图像 NLEMD 分解的

剩余分量来用 Retinex 算法增强，由于剩余分量已经是低频分量，将其经过 Retinex 算法增强，即

$$r_i'(x,y)=S_i(x,y)\cdot T_i(x,y) \tag{4-21}$$

式中：$S_i(x,y)$为亮度图像；$T_i(x,y)$为反射图像。

对式（4.13）取对数，可得

$$r_i''(x,y)=\lg[r_i'(x,y)]=\lg[S_i(x,y)]+\lg[T_i(x,y)] \tag{4-22}$$

通过改变其亮度图像和反射图像在图像中的比例来达到增强图像的目的，将改变后的剩余分量对数取反，得到 $R_i'(x,y)$。

最后按比例叠加所有图像的高频信息和 Retinex 增强算法增强后的剩余分量，即

$$f'(x,y)=\alpha_{ij}\cdot\sum_{i=1}^{m}\sum_{j=1}^{l}\text{imf}_{ij}'(x,y)+\beta\cdot R_i'(x,y) \tag{4-23}$$

式中：$\sum\alpha_{ij}+\beta=1$，从而得到了亮度和对比度都更加均衡的增强结果。具体光照补偿方案如图 4-6 所示。

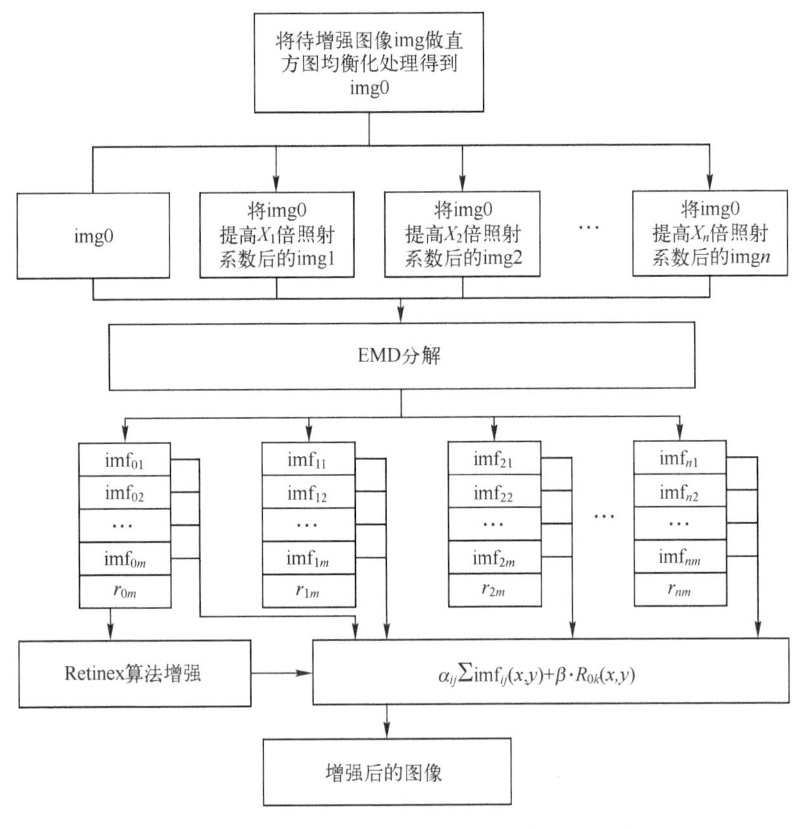

图 4-6　基于 NLEMD 的 Retinex 图像增强方案

4.4.2　增强算法

具体算法实现如下。

（1）将原图像 $I(x,y)$ 分别提高 $n_1,n_2,\cdots,n_m$ 倍照射系数得到不同光照条件下的 m 幅图像 $I_1(x,y),I_2(x,y),\cdots,I_m(x,y)$。

（2）利用 NLEMD 分别将图像 $I(x,y),I_1(x,y),I_2(x,y),\cdots,I_m(x,y)$ 分解为 l 层，各自得到 l 个内蕴模式分量 $\mathrm{imf}_{ij}(x,y)$ 和 1 个剩余分量 $r_{ik}(x,y)$，内蕴模式分量对应于图像的高频分量，剩余分量对应于图像的低频分量，即照射分量（$i=0,1,2\cdots m$；$j=1,2,\cdots l$；$k=1,2,\cdots l$）。

（3）将其中一幅图像 $I_m(x,y)$ 的剩余分量 $r_{ik}(x,y)$ 取对数，即 $r'_{ik}(x,y)=\lg[r_{ik}(x,y)]$，再用 Retinex 算法作用于 $r'_{ik}(x,y)$，得到变换后的 $r''_{ik}(x,y)$，通过 $R_{ik}(x,y)=\exp[r''_{ik}(x,y)]$ 得到增强后的剩余分量。

（4）将图像 $I(x,y),I_1(x,y),I_2(x,y),\cdots,I_m(x,y)$ 各自得到的 l 个内蕴模式分量 $\mathrm{imf}_{ij}(x,y)$ 叠加增强后的剩余分量图像 $R_{ik}(x,y)$，便得到了增强后的图像 $I'(x,y)$，即 $I'(x,y)=\alpha_{ij}\cdot\sum\mathrm{imf}_{ij}(x,y)+\beta\cdot R_{ik}(x,y)(\sum\alpha_{ij}+\beta=1)$。

步骤（1）中的照射系数 $n_1,n_2,\cdots,n_m$ 是根据图像总体亮度而定；步骤（3）中图像的剩余分量 $r_{ik}(x,y)$ 的选取对于图像最后的整体亮度有着决定性的作用。一般选取图像的总体亮度平均值在 0.65～0.85 之间比较适合于人眼。对于彩色图像增强算法与灰度图像一致，彩色图像只要进行 RGB 空间和 HSV 的互换便可，不再赘述。

4.5　试验结果与分析

4.5.1　自然图像增强的试验结果

本书算法是基于普通个人计算机，CPU 为 P4 1.7G，试验的软件平台为 Matlab7.0。本文算法主要和 McCann's Retinex 增强算法进行比对，同时给出了传统直方图均衡算法的结果。图 4-7（a）给出了待增强的 couple 原图；图 4-7（b）～图 4-7（d）分别是将图 4-7（a）提高了 1.5 倍、2.5 倍、4.5 倍照射系数的图像，图 4-7（e）是图 4-7（a）提高 15 倍照射系数后又增加了 0.3 的亮度图像；图 4-7（g）为直方图均衡算法的结果，明显局部过亮，暗处的细节仍然较暗；图 4-7（h）为 Retinex 增强算法的结果，上面已经给出了 Retinex 算法的缺点就是过滤掉了照射光而仅保留了反射光，使得对比度较低，且在地板、墙面等处有明显的噪声引入，这些缺陷在图 4-7（h）上得到了充分的验证；图 4-7（f）为本书算法增强的结果，与图 4-7（g）和图 4-7（h）相比，明显在增强的过程中噪声引入的问题得到了很好的改善，增强的结果比较平滑，例如地板、墙面、桌子、椅子背部和女人的手臂、小腿和衣服等处，亮度和对比度都得到了很好的均衡，在保证了人眼接受的亮度范围的同时暗处的细节也被相当好地增强了，如桌子和椅子下面、墙画和男人上衣等处。试验结果表明，本文算法增强的结果可得到更舒适的视觉效果，同时细节上也更加丰富。

(a) 原图

(b) 将原图提高1.5倍照射系数

(c) 将原图提高2.5倍照射系数

(d) 将原图提高4.5倍照射系数

(e) 将原图提高15倍照射系数、亮度增加0.3

(f) 本方案增强结果

(g) 直方图均衡算法结果

(h) Retinex算法结果

图 4-7　couple 图像增强结果比对

图 4-8（a）给出了一幅反射分量和照射分量都更加复杂的自然图像，由于受光照影响严重，图像的下半部分结构不是很清楚，角落里存在何种物体都看不清。图 4-8（b）为 Retinex 增强算法的结果，图 4-8（c）为本书算法增强的结果，图 4-8（b）和 4-8（c）相比较，在较暗的地方可以看到更多的细节，在图 4-8（c）的下半部分几扇门的纹理结构更清晰，能够看见角落里堆放的杂物。

(a) 原图

(b) Retinex算法结果

(c) 本方案增强结果

图 4-8　自然图像增强结果比对

本书算法同样适用于彩色图像，图 4-9（a）为 couple 彩色图，图 4-9（b）为直方图均衡化的结果，暗处的细节不够丰富，图 4-9（c）为 Retinex 的增强结果，有局部过亮和色彩失真等缺点，图 4-9（d）为本书算法的结果，在暗处的细节得到了很好的光照补偿，对比度也得到了很大的提高。

图 4-10（a）为一地下管道坑道的原始图像，由于地下潮湿，水泥墙壁和水管上都长满了青苔，为了得到更多的细节信息，在算法实现时，在二维 EMD 分解第二步中将每幅图像的照射系数间隔增大，最后重构时，增大高频

部分的比重，从图 4-10（d）可以看出，底下管道坑道对比度高、纹理细节丰富，并且亮度也得到了很好的均衡。

(a) 原图　　(b) 直方图均衡的结果

(c) retinex增强结果　　(d) 本算法结果

图 4-9　彩色 couple 图像增强结果比对（彩图见插页）

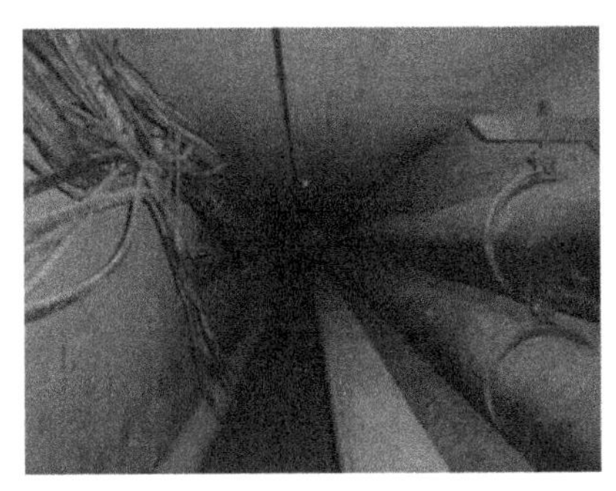
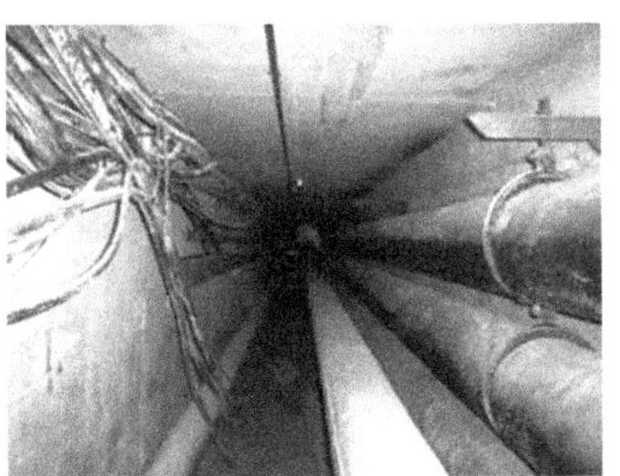

(a) 原图　　(b) 直方图均衡的结果

(c) retinex增强结果

(d) 本算法结果

图 4-10　地下管道坑道图像增强结果比对（彩图见插页）

图 4-11（a）为航拍的一个小型机场机器周边地区的原图，图 4-11（b）为 Retinex 算法的结果，处理结果整体偏亮。图 4-11（c）为本书提出算法的结果，各部分亮度和对比度都得到了很好的均衡，通过光照补偿和细节增强，原图中较亮的部分仍然保持了丰富的纹理细节，而机场周围的反射光较弱的植被区光照得到了较好的补偿，而且对比度得到了提高。

(a) 原图

(b) retinex增强结果

(c) 本算法结果

图 4-11　航拍图像增强结果比对（彩图见插页）

4.5.2　人脸光照补偿的试验结果

基于内容的视觉信息检索是视觉信息研究中的重要研究课题和研究热点。近年来，与人脸相关的视觉技术有了长足的进步，如人脸检测、人脸配准和人脸识别，这使自动检索人脸图像成为可能。正确的人脸检测是人脸检索系统的基础。目前，基于神经网络、AdaBoost 等方法的人脸检测算法在均匀光照条件下，表现出对图像或视频中的人脸具有很强的检测性能，但对光照不均导致的阴阳脸的检测效果不佳。为克服系统这方面的缺陷：一方面，可以通过修改系统的算法，或者对人脸检测系统进行重新训练，但代价太高；另一方面，可以通过对待检测图像进行光照补偿预处理，使人脸的纹理信息更加丰富，改善光照对人脸的影响，以提高人脸检索系统对人脸图像的召回率。

试验表明，本章提出的基于 NLEMD 的 Retinex 增强算法可以使人脸检测率得到明显的提高，能有效地解决人脸检测中的光照补偿问题，从而提高人脸检索系统的性能。具体试验如下。

利用本方法在 Yale B 正面人脸库中对阴阳脸进行了试验。具体试验结果如图 4-12 所示。结果表明，本书算法具有良好的光照补偿功能，结果图像具有良好的视觉效果。

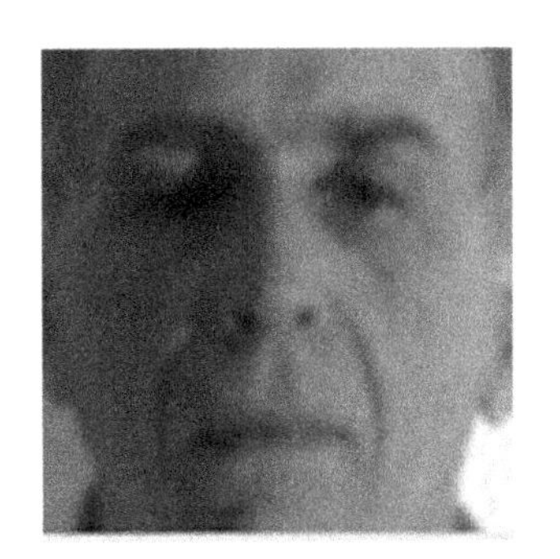

(a) Yale B人脸库原图

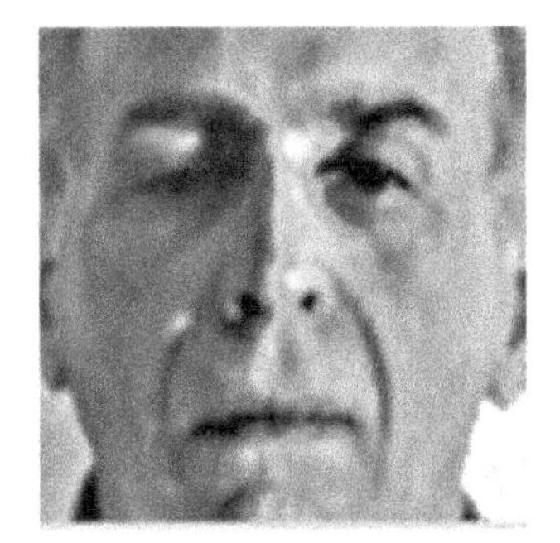

(b) 本算法人脸光照补偿的结果

(c) Yale B人脸库原图

(d) 本算法人脸光照补偿的结果

(e) Yale B人脸库原图

(f) 本算法人脸光照补偿的结果

(g) Yale B人脸库原图

(h) 本算法人脸光照补偿的结果

图 4-12　Yale B 正面人脸库中对阴阳脸的光照补偿结果

在光照不均的室内条件下，用 USB 摄像机采集了大小为 320×240 像素的图像，使用 OpenCV 中的人脸检测程序对采集图像进行测试，保存了未能检测到人脸的图像序列。利用直方图均衡和非线性方法进行光照补偿后，使用 OpenCV 程序仍未能检测到图像中的人脸。利用本算法对采集的图像进行了光照补偿，并利用 OpenCV 中的人脸检测程序对处理后的结果进行了测试，如图 4-13 所示。试验表明，利用本算法对原始图像进行光照补偿预处理后，提高了 OpenCV 中人脸检测程序对图像中阴阳脸的检测能力。

(a) 原始图像

(b) 本算法的增强结果

(c) OpenCV人脸检测程序对结果图像的检测结果

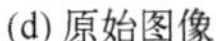

(d) 原始图像

(e) 本算法的增强结果

(f) OpenCV人脸检测程序对结果图像的检测结果

图 4-13　本算法的增强结果及其在 OpenCV 人脸检测程序中的测试结果

4.5.3　海面舰船增强的试验结果

图 4-14 是摄像采集得到的一组图像序列以及增强结果，当时的天气条件是海面雾很大，通过增强后，亮度和对比度都得到了很好的均衡，色彩更加明亮，船身、尾流、海面都被很好地增强了，可以更好地对海面上的舰艇进行监测。

图 4-15（a）是和上组数据在同样的天气条件下拍摄的，不同的是图 4-15（a）的海面目标特征更小，对比度更低，分辨更加困难，在实际情况中这种现象是经常存在的，图 4-15（a）的圆圈处为舰船目标。通过增强后，图 4-15（b）海水和船的亮度和对比度都得到了很好的均衡，图 4-15（b）圆圈处的舰船目标也被增强了，更有利于在雾天的情况下对海面小目标进行监测。

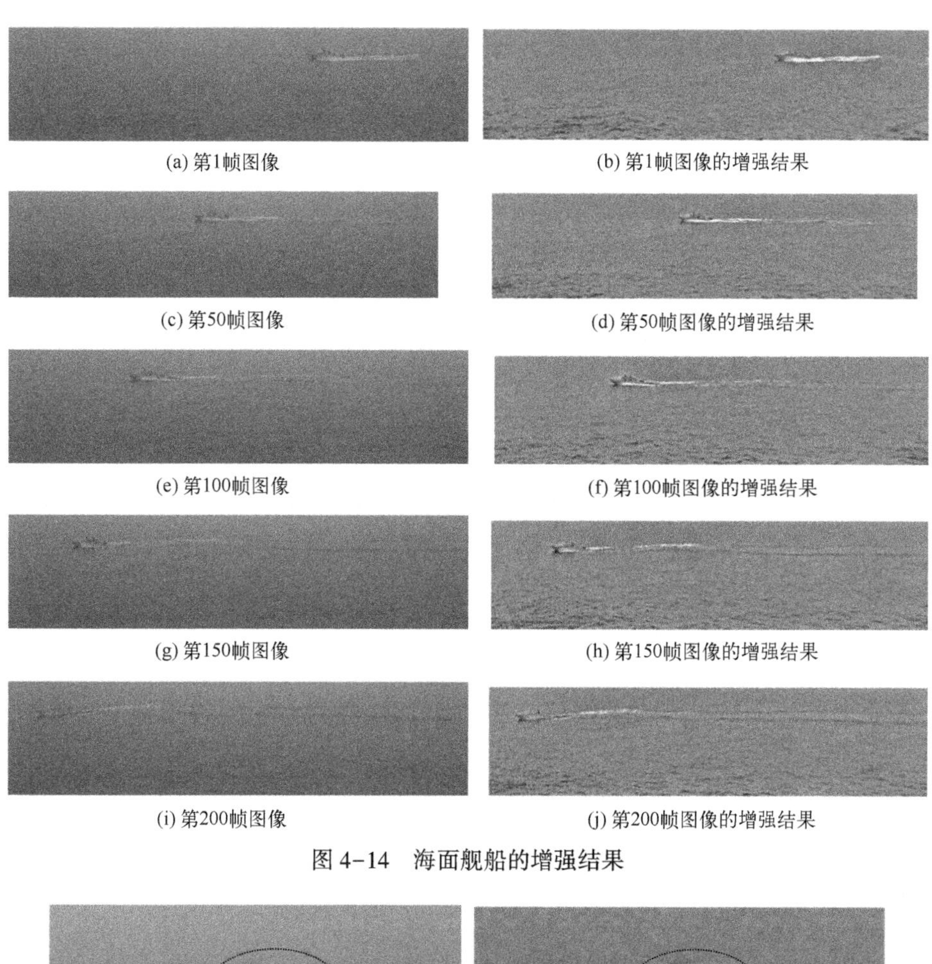

(a) 第1帧图像　(b) 第1帧图像的增强结果

(c) 第50帧图像　(d) 第50帧图像的增强结果

(e) 第100帧图像　(f) 第100帧图像的增强结果

(g) 第150帧图像　(h) 第150帧图像的增强结果

(i) 第200帧图像　(j) 第200帧图像的增强结果

图 4-14　海面舰船的增强结果

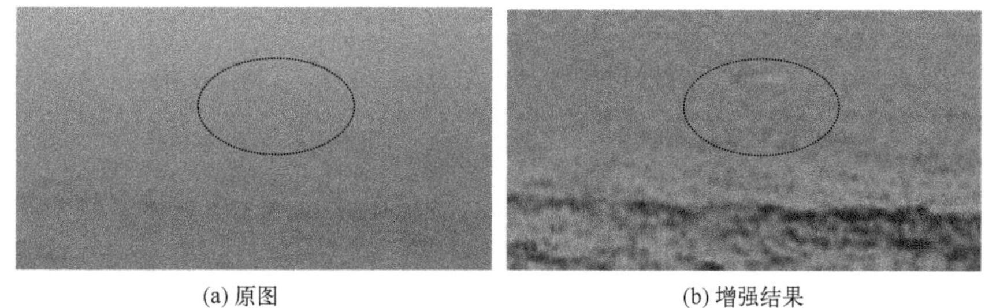

(a) 原图　(b) 增强结果

图 4-15　海面舰船的增强结果

4.5.4　小结

本章提出一种基于 NLEMD 和 Retinex 的图像增强新算法。该算法利用 NLEMD 可充分获取图像的所有高频信息和 Retinex 可改变亮度图像和反射图像在原图像中的比例来达到增强图像的优点，获得了优于 Retinex 增强算法和传统的图像增强等算法的增强效果。与以往传统增强算法相比，本书的增强算法结果引入的噪声较少，亮度和对比度都得到了很好的均衡，暗处的细节也被相当好地增强了。在舰船上，许多舱室的不同部位接受室内灯光照射的强度差别很大，因此该算法比较适合用于对舰船舱室的监控录像的增强处理，但是由于条件限制，未能获取到试验数据。另外，本书算法现用于雷达图像等遥感图像时会产生大量的灰度斑，而遥感图像的增强工作也是非常重要的。因此，下一步的工作就是要解决此问题。

第五章　基于马尔可夫随机场前景分割的小目标检测方法

5.1　引　　言

本章主要研究马尔可夫随机场（Markov Random Fields，MRF）在图像序列中前景分割中的应用。前景分割是图像分析中的关键环节，在图像工程的应用中占据重要的地位。在准静止摄像头的监控环境中，它是目标检测、跟踪和理解的基础，分割结果的优劣影响随后分析、理解的正确与否。

在海洋环境条件下，可见光图像序列中的远景目标在图像中所显示的面积小，移动速度慢，而背景运动较大。因此，海洋环境下可见光图像序列的远景目标分割是前景分割中的难点。

动态背景的环境下，多高斯模型是较为理想的前景分割模型，它将背景中每个像素的取值用多个高斯模型进行刻画，在线对背景模型进行更新。但是，如果背景模型更新速度太快，在海洋环境下由于海浪的波动，分割结果会产生过多的噪声，而且噪声点在时域上具有一定的持续时间，后续处理中很难将目标与噪声点进行区分；如果背景模型更新速度过慢，由于目标在图像中的面积小，导致目标区域也通常被视为背景。

多高斯模型假设相邻像素之间颜色的取值是独立的，但是在实际的自然环境中，尤其是海洋环境条件下，每个像素的取值与邻近像素之间的取值具有很强的相关性，即图像在空域上具有一定的相关性。MRF 理论对这种空域上的相关性具有很好的支持，它是当前较为活跃的研究方向。MRF 可以将像素的空间关系紧密地结合在一起，将像素间的相互作用加以传播，因而前景分割中可以用 MRF 来描述平面相邻坐标点之间的作用关系。对于目标区域而言，它可以反映目标的潜在结构；同时对于非目标区域，合理利用这种空间关系，又可以达到抑制背景噪声的目的。

本章主要讨论静止摄像机条件下基于 MRF 的前景分割方法，建立了基于多高斯背景模型 MRF 和基于核函数 MRF 的两种前景分割模型，并给出了这两种前景模型的求解方法。

5.2 马尔可夫随机场

MRF 是在网点集合（a Set of Sites）上定义的。这些网点集合可以是有规则的格点（Lattice）空间或者不规则的空间。有规则的格点可以对应于图像中每个像素的灰度强度。不规则空间上定义的 MRF 适用于已经从图像中抽取出特定特征的特定场合，如立体视觉。如不特殊声明，本章只考虑定义在$M\times N$规则格点上的 MRF。这里 M 和 N 分别表示图像的像素列数和行数。

定义 $S=\{(i,j)\mid 1\leqslant i\leqslant N,1\leqslant j\leqslant M\}$ 表示大小为 $M\times N$ 的图像上的有限格点集。$X=\{x_s\mid s\in S\}$ 表示定义在 $\forall s\in S$ 处的随机场，x_s 表示在随机场 X 上，状态空间为 $\Lambda=\{0,1,\cdots,L-1\}$ 的隐状态随机变量（如在 256 色灰度图像去噪的应用中，$L=256$，即 x_s 取值在 0~255 之间），即 $x_s\in\Lambda$。在图像中，格点集 S 表示像素的位置，X 表示像素值的集合，L 表示将图像分割为不同区域的数量。如果为每一个格点赋值，则可以表示为

$$\omega=(\omega_{s1},\omega_{s2},\cdots,\omega_{sMN}) \tag{5-1}$$

式中：ω_i 表示在格点 i 处的赋值，ω 称为随机场 X 的一个组态或者配置，如果将随机场所有的组态记为 F，则有

$$\Omega=\{\omega=(\omega_{s1},\omega_{s2},\cdots,\omega_{sMN})\mid \omega_{si}\in\Lambda,1\leqslant i\leqslant MN\} \tag{5-2}$$

共有$(M\times N)^L$ 种组态，在图像分割和运动分割的问题中，就是要为格点集找到一组最优的组态 ω。

5.2.1 随机场的马尔可夫特性

MRF 的马尔可夫特性是在局部区域每个格点及其相邻格点形成的领域系统上定义的。

设 $N=\{N(s)\mid s\in S\}$ 是定义在 S 上的通用的邻域系统集合，其满足如下特性：

(1) $N(s)\subset S$；

(2) $s\notin N(s)$；

(3) $\forall s$，$r\in S$，$s\in N(r)\Leftrightarrow r\in N(s)$。

式中：$r\in N(s)$为 s 的邻点；$N(s)$为 s 的邻点集。

在 S 中有不同的邻域结构，当子集 $c\subseteq S$ 中的每对不同位置总是相邻的，称 c 是一个基团（Clique），C 表示基团的集合。基团是包含若干位置的集合，在退化的情况下，每个位置 s 就是一个基团，即一个基团只含有一个位置，在图像处理中，这种情况下认为像素间没有相互作用；另一种极端情况是 S 的所

有子集都是基团，表示为$\{N(s)=S/s\}$。在图像处理中，这种情况下认为所有的像素相互影响。基团的选取对图像局域性质产生重要的影响，是构成马尔可夫先验模型的重要环节。在图像处理中，经常使用领域系统是各向同性的。将s当作晶格，这时领域系统定义为$N^{(n)}(s)=\{r\,|\,d(s,r)\leqslant n,r\neq s\}$，式中，$n$为邻域系统的阶次，$d(\cdot)$表示距离函数，经常使用欧氏距离、市区距离和棋盘距离等函数。对$\forall n\geqslant 0$，满足特性$N^{(n)}(s)\subset N^{(n+1)}(s)$。图5-1所示为一阶和二阶领域系统及其原子团。

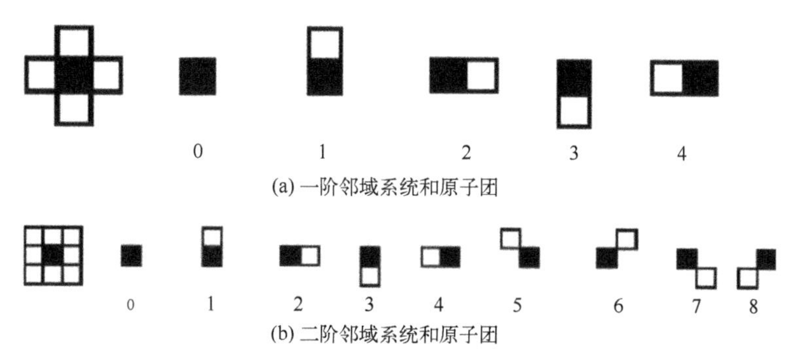

(a) 一阶邻域系统和原子团

(b) 二阶邻域系统和原子团

图5-1　一阶和二阶领域系统及其原子团

设$\Omega=\{\omega=(\omega_{s1},\omega_{s2},\cdots,\omega_{sMN})\,|\,\omega_{si}\in\Lambda,1\leqslant i\leqslant MN\}$是所有可能组态的集合，随机场$X$是关于通用邻域系统$N$的MRF，并满足如下条件：

（1）$p(X=\omega)\geqslant 0$，$\forall\omega\in\Omega$；

（2）$p(X_s=x_s\,|\,X_r=x_r,r\neq s)=p(X_s=x_s\,|\,X_r=x_r,\forall r\in N(s))$。

式中：$p(\cdot)$和$p(\cdot|\cdot)$分别表示概率和条件概率。在图像处理中，$p(\cdot)$表示标号场的先验概率，$p(\cdot|\cdot)$表示邻域系统标号的局部作用关系。邻域系统N的MRF含义是：在任意晶格点s的其余格点位置上随机变量x_s取值已知的条件下，随机场在格点s处的取值概率只与格点s的N相邻点有关。条件（2）中的条件概率称为MRF的局部特性，任何过程满足条件（1）的概率都由条件（2）中的条件所唯一确定。在实际应用中很难确定这两个条件概率，因此MRF一直未能找到工程应用。20世纪80年代，Hammersley-Clifford给出了吉布斯（Gibbs）分布与MRF的关系[142]，从此，MRF逐渐步入工程应用研究阶段。

5.2.2　Gibbs分布与MRF

20世纪80年代，Hammersley-Clifford给出了Gibbs分布与MRF的关系[142]：MRF与Gibbs分布是等价的，MRF的Gibbs分布就是MRF的联合概率分布。因而可以用 Gibbs 分布对 MRF 进行建模。

领域系统 N 的 Gibbs 分布是定义在 Ω 上的概率测度 p，具有如下的表达形式：

$$p(\omega)=\frac{\mathrm{e}^{-U(\omega)/T}}{Z} \tag{5-3}$$

式中：$Z=\sum_{\omega\in\Omega}\mathrm{e}^{-U(\omega)/T}$，为归一化常数；$U(\omega)$为能量函数，它等于特定格点所有基团势函数（Potential Functions）之和，即

$$U(\omega)=\sum_{c\in C}V_c(\omega) \tag{5-4}$$

在图像处理中，对先验模型的研究往往转化为对能量函数的研究。C 表示邻域系统 N 所包含基团的集合，$V_c(\cdot)$是定义基团 c 上的势函数，它只依赖于 $N(s)$，$s\in c$ 的值。

为正确对 Gibbs 分布函数进行归一化，能量函数和势函数都应该为正。在工程应用中，为了满足这一约束条件，通常将需要进行预处理：

$$V_c(\omega)\leftarrow V_c(\omega)-\min_{l_i\in\Lambda}V_c(l_i) \tag{5-5}$$

式（5.3）中，T 为温度常数。当 T 增大时，因为每一个组态的概率逐渐趋近于相等，因此 Gibbs 分布逐渐趋近于均匀分布；反过来，当温度降低时，大概率值逐渐趋近于某一组态。温度项 T 在模拟退火（Simulated Annealing）优化算法中非常重要，因为模拟退火算法是对同一分布在不同温度系数条件下的采样。

Hammersley-Clifford 定理给出了 Gibbs 分布与 MRF 等价的条件：一个随机场是关于邻域系统的 MRF，当且仅当这个随机场是关于邻域系统的 Gibbs 分布，关于邻域系统 $N(s)$的 MRF 与 Gibbs 分布等价形式表示为

$$p(x_s\mid x_r,r\in N(s))=\frac{\exp\left(-\sum_{c\in C}V_c(x_s\mid x_r)\right)/T}{Z} \tag{5-6}$$

式（5-6）解决了求 MRF 中概率分布的难题，使对 MRF 的研究转化为对势函数 $V_c(x)$的研究，使 Gibbs 分布与能量函数建立了等价关系，是研究领域系统 $N(s)$的重要里程碑。当前节点状态的后验概率只与其势能以及与它领域节点相互的势能有关。建立 MRF 的目的是找到使 $p(\omega)$最大化的状态，也就是要最小化能量函数。这是一个全局的约束，因为需要总体最优化求解。状态空间十分庞大，穷举求解是不可能的，因此 MRF 的求解方法也是当前研究热点之一。

5.3 多高斯 MRF 前景分割方法

传统的运动检测方法有背景消减、相邻帧差分法、光流法以及背景模型法。相邻帧差分法简单易行，但抗背景扰动能力弱。光流法计算复杂，对硬件要求高，一般实际应用中很少使用。背景减除方法是目前最常用的方法，它固然有自己的优势，但是也存在一些难解决的问题。其中，多高斯背景模型在前景分割中取得了广泛的应用，但它将图像中的每个像素看成独立的，导致分割结果中通常包含孤立噪声点以及前景的非结构化和空洞现象。MRF 描述了领域之间的相关性，理论上，利用 MRF 与多高斯模型结合可以消除多高斯背景模型进行前景分割中产生孤立噪声点以及前景出现空洞的显现，增强前景的结构化信息。

5.3.1 多高斯 MRF 前景分割模型

在前景分割的应用中，每帧图像中的每个像素点都是 MRF 中的结点，结点的邻域结构采用四联通的邻域方式。如图 5-2 所示。每个结点将接收其相邻 4 个结点的信息。这也是大多数文献中惯用的邻域结构。虽然在文献［42］中使用了时间邻域，但由于本书中的 $V_i(S_i)$ 将会使用多高斯模型中的信息，它实际上已经涵盖了历史中该点属于背景的信息，所以无须对时间领域额外建模。这里只考虑空间邻域。

图 5-2 中红色的点为结点 i 的观测，这里主要使用颜色作为观测值。结点自身的能量 $V_i(S_i)$ 由它是否符合背景的概率来度量，因此 MRF 的能量函数 U 的形式为

$$U(\omega)=\sum_{c\in C}V_c(x_s|x_r)=\sum V_i(S_i)+\sum V_{(i,j)\in C}(S_i,S_j) \tag{5-7}$$

假设 i 点的观测值为 z_i（为了便捷，省略上标（t），都假设在当前帧中计算），该观测值符合第 m 个高斯，或者不属于任何一个高斯，由此给定属于背景的概率为

$$P(S_i=0|Z_i=z_i)=\begin{cases}\eta(z_i,\mu_{i,m},\Sigma_{i,m}) & (m\leqslant B)\\ 1-\eta(z_i,\mu_{i,m},\Sigma_{i,m}) & (B<m\leqslant K)\\ \varepsilon_P & (m\notin\{1,2,\cdots,K\})\end{cases} \tag{5-8}$$

当 m 属于背景分布时，自然使用所符合分布的概率度量来度量它是否为背景。

当 m 属于前景分布时，则用式（5-8）中的第二个式子表示。ε_P 是一个

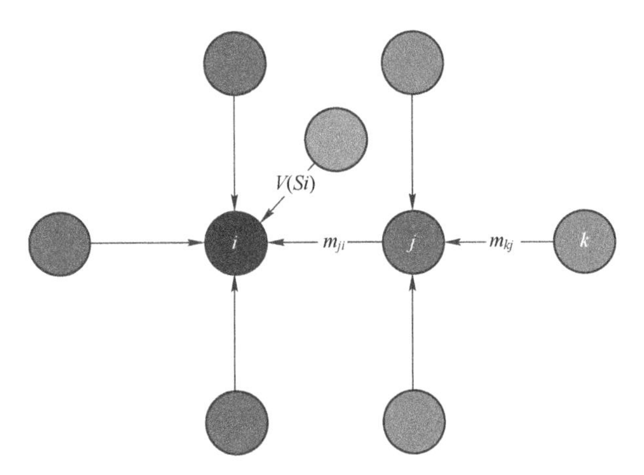

图 5-2　前景分割中使用的 MRF 邻域结构（彩图见插页）

很小的正数，当 m 不属于任何分布则指定一个微小量。根据这个概率 $V_i(S_i)$ 有如下定义：

$$V_i(S_i) = -\alpha_1 \ln |S_i - P(S_i = 0 | Z_i = z_i)| \tag{5-9}$$

取对数是为了之后的计算方便。S_i 为 i 点的状态，其取值为 0 或 1，0 为背景，1 为前景。α_1 是一个大于零的参数。式（5-9）表明，在多高斯模型中，当 $P(S_i=0|Z_i=z_i)$取值比较大时，S_i 取为 1，使得 $V_i(S_i)$取得最大值，否则 S_i 取 0，使得 $V_i(S_i)$取得最小值。这表明，在对能量函数进行最小化时，标记 S_i 的取值应尽量与多高斯模型的观测结果一致。

还需要定义相邻结点之间的能量函数 $V(S_i,S_j)$。对于海上目标，目标区域的观测值比较接近。为了使该模型更能反映目标的结构信息，我们考虑了相邻点之间的观测值之差 $\Delta z_{ij} = \|z_i - z_j\|^2$。如果相邻点的观测相差较大，它们很可能就不属于同一个区域，它们既可能同属于前景、同属于背景，也可能分别属于前景和背景。因此，当相邻点的观测值差 Δz_{ij}越大就越不确定。如果 Δz_{ij}较小则说明两点在同一个区域中的可能性较大，如果标记不同的话则应该相应地增加能量以表示惩罚，如果标记相同则应该相应减少能量以表示奖赏。因此有如下定义：

$$V(S_i,S_j) = \begin{cases} -\alpha_2 e^{-\frac{\Delta z_{ij}}{\delta_1}}, & S_i = S_j = 0 \\ -\alpha_3 e^{-\frac{\Delta z_{ij}}{\delta_1}}, & S_i = S_j = 1 \\ \alpha_4 e^{-\frac{\Delta z_{ij}}{\delta_1}}, & S_i \neq S_j \end{cases} \tag{5-10}$$

式中：α_2，α_3，α_4 都为大于零的参数，而且一般令 $\alpha_3 > \alpha_2$，之所以这么设定，

是考虑到前景物体的像素值分布被加入到背景模型中，从而使得前景物体中间的部分容易被检测为背景的情况，也就是说鼓励确实是前景的部分被标记为前景。δ_1也是大于零的参数。Δz_{ij}越大则 $e^{-\Delta z_{ij}/\delta_1}$越趋向于零，在任意的三种情况中，两点间的能量会很小，甚至忽略不计。为了简化计算，项 $e^{-\Delta z_{ij}/\delta_1}$也可以换成更简单的方法来定义：

$$W_{ij}=\begin{cases}1, & \Delta z_{ij}\leqslant z\_\text{threshold}\\ 0, & \Delta z_{ij}>z\_\text{threshold}\end{cases} \tag{5-11}$$

5.3.2 MRF 的求解

上节介绍了对 MRF 的求解，也就是要最小化能量函数。能量函数是关于随机场的全局函数，状态空间十分庞大，穷举求解是不可能的。MRF 的求解是束缚该理论现实应用的一个重要因素。这一小节分别对 MRF 的求解方法、模拟退火和置信传播（Belief Propagation）算法进行介绍。最后利用模拟退火方法对多高斯 MRF 前景分割问题进行求解。

一、模拟退火求解 MRF

模拟退火经常被用于优化非线性目标函数，且目标函数中变量的解空间过大，或者是连续性变量，即不适合穷举搜索的方法进行求解。模拟退火算法来源于固体退火原理，将固体加温至充分高，再让其徐徐冷却，加温时，固体内部粒子随温升变为无序状，内能增大，而徐徐冷却时粒子渐趋有序，在每个温度都达到平衡态，最后在常温时达到基态，内能减为最小。粒子在温度 T 时趋于平衡的概率为 $e^{-\Delta U/(kT)}$，其中，U 为温度 T 时的内能，ΔU 为其改变量，k 为某个常数。该算法描述如下：

（1）初始化：$t=0$，初始温度 $T=T_0$，任意取一个状态 $\omega^0=(S_1^0,S_2^0,\cdots,S_n^0)$ 作为初始状态。

（2）新状态选择：以一定的概率 $G_{t,t+1}(T)$选择一个新状态 $S^{t+1}=\omega^{t+1}$，并计算能量变化 $\Delta U=U(\omega^{t+1})-U(\omega^t)$。

（3）是否接受新状态：如果 $\Delta U\leqslant 0$ 或者以概率 $A_{t,t+1}(t)=\min[1,e^{-\Delta U/T}]$接受该新状态，到步骤（4）；否则拒绝接受该新状态，重复步骤（2）重新选择一个新状态。

（4）更新温度：$S^t=\omega^{t+1},t=t+1$，温度 $T=f(t,T)$。

如果温度低于某个阈值 ε_T或者当前能量低于某个阈值 ε_U，则算法终止，否则回到步骤（2）。

模拟退火算法中需要注意以下几点。

（1）初始状态的选择是状态空间中随机地选择一个，初始状态不会影响最终结果，这是有一定的数学理论支持的。

（2）产生一个新状态通常不是从全部的状态空间中任取一个与当前状态不同的状态，而是对当前状态做一个简单的更替，比如只变换某一个子结点的状态。这就是当前状态的邻域，邻域的定义将会影响退火时温度冷却的速度。

（3）当新的状态对应的能量更小时100%的接受它，否则以一定的概率$A_{t,t+1}(t)=e^{-\Delta U/T}$接受。当温度较高时，该概率较大。这样可以避免模拟退火的结果最终收敛到一个局部最优解上。

（4）温度的更新函数$f(t,T)$有一定的理论基础，但实际应用中往往采用比较容易实现的方法来做。

（5）理论上经过无穷次迭代后模拟退火算法肯定能收敛到一个全局最优解，但实际应用中，出于计算代价的考虑，往往迭代有限次收敛到一个足够满意的近似最优解就可以了。

本文不想过多地介绍模拟退火算法的理论推导，有兴趣的读者可以参考相应的文献。应该说模拟退火算法是一种很不错且有理论根基的最优化算法，但往往退火时速度较慢，尤其对于图像的问题而言，一帧320×240像素大小的图像，每个像素点只有前景、背景两种状态，则整个MRF的状态空间就有$2^{320\times240}$种状态，收敛会很慢。

二、置信传播求解MRF

经常被用到的求解MRF的方法是置信传播（Belief Propagation，BP），起初它只适合树状的结构。Weiss等[149]将BP应用到所有种类的图模型中，Pedro等则对此做了一定的改进，使得计算复杂度降低。

BP的文献中通常用下式表示一个状态的概率分布：

$$P(s_1,s_2,\cdots,s_n)=\frac{1}{Z}\prod_{(i,j)}\Psi_{(i,j)}(s_i,s_j)\prod_{i}\Psi_i(s_i) \tag{5-12}$$

其中：$\Psi_i(s_i)$是某个结点取值的概率，$\Psi_{(i,j)}(s_i,s_j)$为节点i与j之间的相容性关系。将式（5-12）取对数后就能得到能量函数。为了计算方便，均将最大化式（5-12）的问题转化为最小化式问题。

BP的做法是赋予每个结点一定的置信度$b_i(S_i)$，并且两个结点之间互相传递信息，从节点i向j传递的信息记为m_{ij}。置信度与信息定义如下：

$$\begin{aligned} b_i(S_i) &= V_i(S_i)+\sum_{j\in N(i)} m_{ji}(S_i) \\ m_{ji}(S_i) &= \min_{S_j}\Big(V(S_i,S_j)+V_j(S_j)+\sum_{k\in N(j)\setminus i} m_{kj}(S_j)\Big) \end{aligned} \tag{5-13}$$

其中：$N(i)$是结点 i 的邻域，而 $N(j)/i$ 指除去结点 i 外的 j 邻域内的其他点。$b_i(S_i)$和 $m_{ji}(S_i)$都是向量，每一维对应 S_i 在不同取值时的计算结果。最终确定 S_i 的状态时可以求数学期望，但最简单的可以取最小值所对应的那维上 S_i 的取值。

式（5-13）中信息是递归定义的，因此对 BP 直接求解较为困难，一般使用迭代的方法来近似求解的。算法如下：

（1）初始化：初始化各结点自身的能量函数 $V_i(S_i)$以及相邻结点之间的能量函数 $V(S_i, S_j)$，设置最大迭代次数 T，当前迭代回数 $t=0$，并令全部的信息 $m_{ij}^0=0$。

（2）迭代：根据式（5-13）中的定义，令

$$m_{ij}^t(S_i)=\min_{S_j}\Big(V(S_i, S_j)+V_j(S_j)+\sum_{k\in N(j)\backslash i} m_{kj}^{t-1}(S_j)\Big) \tag{5-14}$$

更新 $t=t+1$，迭代直至 $t=T$。

（3）求每个结点的置信：根据式（5-13）中的定义，可以求得第 i 个结点的最佳状态 S_i^*：

$$\begin{aligned} \boldsymbol{b}_i(S_i) &= V_i(S_i)+\sum_{j\in N(i)} m_{ji}^{\mathrm{T}}(S_i) \\ S_i^* &= \arg\min_{S_i}(b_i(S_i)) \end{aligned} \tag{5-15}$$

（4）通过以上算法在若干次迭代后就求得各个结点的最佳状态。BP 的求解思路和模拟新状态选择：按均匀分布随机从 ω^t 的领域 $N(\omega^t)$中选择一个新状态 $S^{t+1}=\omega^{t+1}=(s_1, s_2, \cdots, \hat{s}_r, \cdots, s_n)\ s_r\neq\hat{s}_r$，并计算能量变化 $\Delta U=V_r(\hat{s}_r)-V_r(s_r)+\sum(V_{(i,r)}(s_i, \hat{s}_r)-V_{(i,r)}(s_i, s_r))$。

（5）是否接受新状态：如果 $\Delta U\leqslant 0$ 或者以概率 $A_{t,t+1}(t)=\min[1, \mathrm{e}^{-\Delta U/T}]$接受该新状态，到步骤（4）；否则拒绝接受该新状态重复步骤（2）重新选择一个新状态。

（6）更新温度：$S^t=\omega^{t+1}, t=t+1$，温度 $T=\dfrac{K-t/c}{K}T$。

如果温度低于某个阈值 ε_T或者当前能量低于某个阈值 ε_U，则算法终止，否则回到步骤（2）。

5.3.3　试验结果

本文只使用了模拟退火的方法求解 MRF，多高斯模型中的更新率β 取为 0.6，稍微偏重于当前帧的结果。α_1，α_2，α_3，α_4 的取值是权衡结点自身能量以及其与邻域间的能量函数的比重的。在计算相邻结点能量时，使用阈值化处

理提高速度，阈值选为图像中最大的 Δz_{ij} 的 65%。偏向于认为大多数点都是联通的。最终得到的结果如图 5-3 所示的效果。

(a) 第30帧图像

(b) 第70帧图像

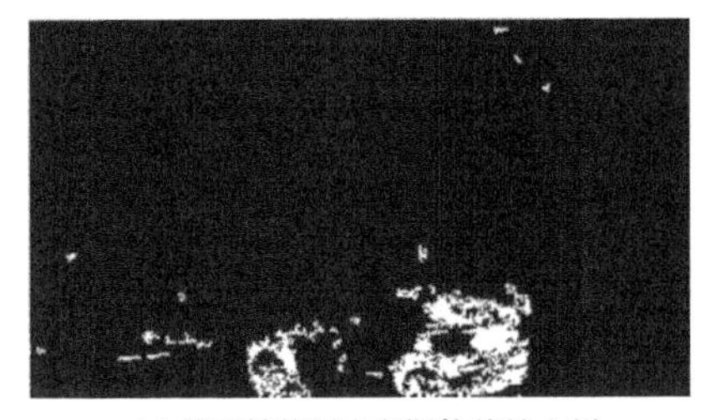

(c) 第30帧使用多高斯的前景分割

(d) 第70帧使用多高斯的前景分割

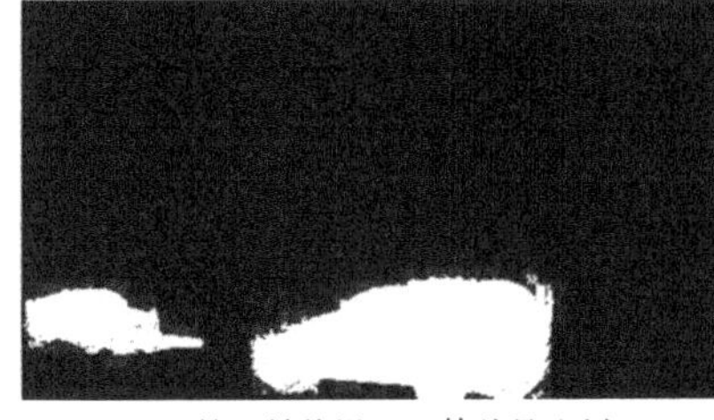

(e) 第30帧使用MRF的前景分割

(f) 第70帧使用MRF的前景分割

图 5-3　基于多高斯 MRF 混合前景模型的前景分割结果

图 5-3 中，使用 MRF 得到的前景分割效果要优于仅使用多高斯模型得到的结果。但是实际应用环境中由于 MRF 的运算量非常大，因此不能达到实时的效果。

5.4　核函数 MRF 前景分割方法

高斯混合模型是用多个单高斯函数来描述多模态的背景，一定程度上能很好地处理场景比较混乱、背景像素亮度值呈现多峰分布的场合，然而它依然只适合于处理平滑过渡的场景。基于核密度估计的背景建模方法理论上可以估计任何场景中的背景像素亮度值分布的概率密度函数，而不像单高斯模型和高斯混合模型那样只能处理像素亮度值的分布为高斯或者多高斯分布的情形。

传统的参数和非参数背景模型都认为每个像素点是独立的，而不考虑其邻域像素亮度值对该像素亮度值的影响。然而，每个像素的亮度值分布与其周围像素的亮度值分布是相关的，如果不考虑这个相关性，就会在前景区域分割的过程中使得前景区域中间产生不该出现的空洞，而且会在背景区域中产生一些孤立的噪声点。

5.3 节中介绍的 MRF 在背景分割的应用中，领域结构使用的是四邻域结构系统，在一定程度上消除了孤立的噪声点，但是对于复杂的背景，动态背景滤除效果还不尽理想。文中提出了利用领域相关的核函数与 MRF 结合求解前景分割问题的方法，可以更好地消除孤立噪声，且使得前景区域中间不产生空洞。

5.4.1　邻域相关的核函数

核函数模型为非参数化模型，它可以避免参数化模型，如多高斯模型复杂的参数学习过程，并且它在理论上又可以表示任意分布形式的背景。

为了建立背景模型，考虑 t 时刻，对于每一个像素，用 n 维空间表示，形成集合 $\psi_b=\{y_1,y_2,y_3,\cdots,y_n\}$ 的背景。给定这些样本集，在观测时刻 t，每个像素向量属于背景的概率可以用核函数估计器来计算，核函数估计器是非参数化的估计器，在合适的条件下，估计的自身产生一个有效的概率。因此，为了找到候选点 x，属于背景的概率 ψ_b，其估计可以通过下式计算。

$$P(X|\psi_b)=n^{-1}\sum_{i=1}^{n}\varphi_{\boldsymbol{H}}(x-y_i) \tag{5-16}$$

这里 $\boldsymbol{H}$ 是一个对称的正的 $d\times d$ 带宽矩阵，并且：

$$\varphi_{\boldsymbol{H}}(x)=|\boldsymbol{H}|^{-1/2}\varphi(\boldsymbol{H}^{-1/2}x) \tag{5-17}$$

这里，φ 是具有 d 个变量的核函数，通常满足以下条件：

(1) $\int\varphi(x)\mathrm{d}x=1$；

(2) $\varphi(x)=\varphi(-x)$；

(3) $\int x\varphi(x)\mathrm{d}x=0$；

(4) $\int xx^{\mathrm{T}}\varphi(x)\mathrm{d}x=I_d$，并且是紧支撑的。

d 变量的高斯密度函数通常被作为核函数 φ：

$$\varphi_{\boldsymbol{H}}^{(N)}(x)=|\boldsymbol{H}|^{-1/2}(2\pi)^{-d/2}\exp\left(-\frac{1}{2}x^{\mathrm{T}}\boldsymbol{H}^{-1}x\right) \tag{5-18}$$

需要强调的是，使用高斯核函数并没有利用特征空间中数据分散性的任何假设。核函数在计算最后概率估计时仅仅定义了每个数据点影响的有效范围。任何满足核函数定义的函数，都可以作为核函数。有一些其他的函数通常被用于核函数，一些替代高斯核函数的函数核包括 Epanechnikov 核、Triangular 核、Biweight 核，以及均匀分布核（Uniform Kernel）。在本文中，我们使用高斯核函数，每个像素点在 5 维空间中讨论，即 $X=(x_1,x_2,x_3,x_4,x_5)$，其中，x_1,x_2,x_3 分别表示色彩空间中的 R、G、B，x_4,x_5 为像素坐标。因此，d 的取值为 5。则

$$\boldsymbol{H}=\begin{bmatrix}\sigma_r^2 & & & & \\ & \sigma_g^2 & & & \\ & & \sigma_b^2 & & \\ & & & \sigma_x^2 & \\ & & & & \sigma_y^2\end{bmatrix} \tag{5-19}$$

式（5-19）表示 RGB 高斯核函数的协方差矩阵。假设在图像平面内，我们考虑当前像素值周围 $m\times m$ 的区域像素对当前的像素点取值有影响，并设在时间上，观测窗长度为 n，则当前点属于背景的概率为

$$\begin{aligned}P(X|\psi_b)&=\frac{1}{n\times m\times m}\sum_{i=1}^{n\times m\times m}\frac{1}{(2\pi)^{\frac{d}{2}}|\boldsymbol{H}|^{\frac{1}{2}}}\mathrm{e}^{-\frac{1}{2}(x-x_i)^{\mathrm{T}}H^{-1}(x-x_i)}\\&=\frac{1}{n\times m\times m}\sum_{i=1}^{n\times m\times m}\frac{1}{|\boldsymbol{H}|^{\frac{1}{2}}(2\pi)^{\frac{5}{2}}}\prod_{j=1}^{5}\mathrm{e}^{-\frac{1}{2}\frac{(x-x_i)_j^2}{\sigma_j^2}}\end{aligned} \tag{5-20}$$

利用式（5-20）所得出的背景模型直接进行前景检测时，其效果一般不如现有成熟的多高斯模型，但是多高斯模型所得到的是参数化的多高斯模型，而核函数所得到的直接是当前像素属于背景的概率分布。因此，利用本章的核函数，最终可以得到当前帧图像中每个像素点属于背景的概率分布，从而得到与当前帧图像相同大小的概率分布图像。

$m\times m$ 选择的大小根据具体场景而定。对于背景运动较小的场景，m 值可以取值小一些，例如 m 可以取 2 或者 3；对于背景运动较大的场景，m 值应该取得大一些，但是随着 m 值取值的变大，计算量将越来越大。

5.4.2 核函数 MRF 前景分割模型

这里的 MRF 也只考虑四邻域系统，因此能量函数可以记为

$$U(\omega)=\sum V_i(S_i)+\sum V_{(i,j)\in C}(S_i,S_j) \tag{5-21}$$

首先对 $P(X|\psi_b)$ 作预处理：

$$I_X=\max\left(\frac{(P(X|\psi_b)-P_0(X|\psi_b))}{P_1(X|\psi_b)-P_0(X|\psi_b)},0\right) \tag{5-22}$$

其中：$P_1(X|\psi_b)$ 与 $P_0(X|\psi_b)$ 为训练获得，$P_1(X|\psi_b)$ 接近于某一帧 $P(X|\psi_b)$ 的最大值，而 $P_0(X|\psi_b)$ 接近于某一帧中 $P(X|\psi_b)$ 的最小值。

当前像素 x 分隔结果 l_i 的取值要么为零，要么为 1。假设取前景时为 1，那么可以将能量函数记为

$$\begin{aligned} U(\omega) &= \sum V_i(S_i) + \sum V_{(i,j)\in C}(S_i,S_j) \\ &= \sum_{i=1}^{p} |I_X - l_i| + \lambda \sum_{i=1}^{p} \sum_{j\in N_i,j\neq i} |l_i - l_j| \end{aligned} \tag{5-23}$$

式中：p 为图像中像素的个数。

λ 通过用户设定，用于平衡第一项和第二项对于能量函数的贡献和惩罚关系。通过求式（5-23）最小化的方法可以求解该 MRF。式（5-23）中第一项表示，通过对背景模型的计算得到当前像素点 I_X 越大，则将当前像素判为前景时 $U(\omega)$ 较小。反之，则判为前景时将使能量函数较大，即此时 l_i 应取值为 0。第二项为平滑项，其目的是使得分割结果的相邻像素之间尽量相同。相邻像素间都相同的话，对其惩罚值为 0，否则惩罚值为 λ。由于受到前一项的影响，第二项中 l_i 和 l_j 的取值不能全为 0 或 1。由于这两项之间的约束，使得随机场最后达到一种平衡状态，该平衡状态下每个像素的分割取值就是随机场的求解结果。

5.4.3　基于最小割/最大流的 MRF 求解方法

传统的模拟退火方法虽然适用于任何形式能量函数的 MRF 的求解，但由于其运算量大，未能在在线系统中取得应用。最小割/最大流（Graph Cuts/Max flow）是图论中经典的算法，2001 年 Yuri Boykov 等[43]提出了一种基于 Graph Cut 的 MRF 随机场的求解方法，该方法不但速度快，而且通用性强。本节主要介绍 Yuri Boykov 等所提出的基于图分割的 α-β 互换的 MRF 求解方法。该方法考虑的能量函数形式为

$$E(f) = \sum V_p(f_p) + \sum_{\{p,q\}\in N} V_{pq}(f_p,f_q) \tag{5-24}$$

这里 N 是相互作用的像素对集合（邻域集合）。典型的，N 由任意相邻的像素构成。该算法主要对第二项 $V_{pq}(f_p,f_q)$ 有一定的约束条件，要求 $V_{pq}(f_p,f_q)$ 满足下列条件，为便于分析，将 V_{pq} 简写为 V。

$$V(\alpha,\beta)=0 \Leftrightarrow \alpha=\beta \tag{5-25}$$

$$V(\alpha,\beta)=V(\beta,\alpha)\geqslant 0 \tag{5-26}$$

$$V(\alpha,\beta)\leqslant V(\alpha,\gamma)+V(\gamma,\beta) \tag{5-27}$$

在 α-β 互换算法中，给定一对状态 α 和 β，从一个划分（Partition）P 移动到另一个划分 P'，如果对于任何 $l\neq\alpha$，或者 $l\neq\beta$，有 $P_l=P'_l$。

以下为 α-β 互换算法的基本步骤：

（1）给定随机场 X 一个任意的组态 f。

（2）设定 success = 0。

（3）对于每对标注 $\{\alpha,\beta\}\subset\Lambda$，通过一次 α-β 互换在 f' 中找到 $\hat{f}=\mathrm{argmin}E(f')$，如果 $E(\hat{f})<E(f)$，则设置 $f=\hat{f}$ 和 success = 1。

（4）若 success = 1 则返回步骤（2）。

（5）返回组态 f。

在该算法中，步骤（3）中的第一步是关键的步骤。即给定输入 f（划分 P）和一对待标记（Labels）α、β，希望通过一次 α-β 互换找到新的组态 $\hat{f}$，使得能量 E 达到最小化。以下对步骤（3）中的第一步实现的原理进行介绍。

α-β 互换方法通过图 5-4 对应的最小割求得新的组态的。图的结构由当前的划分 P 和标记 α、β 共同确定，如图 5-4 所示。

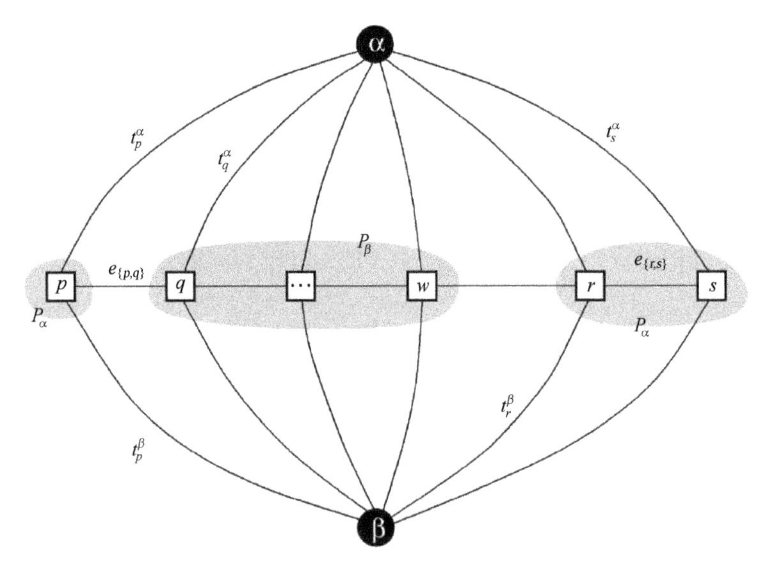

图 5-4　一维图像的图模型 $G_{\alpha\beta}$ 示例

图中的像素点为 $P_{\alpha\beta}=P_\alpha\cup P_\beta$，其中 $P_\alpha=\{p,r,s\}$，$P_\beta=\{q,\cdots,w\}$。为了便于理解，以一维图像为例。对于任何图像，图模型 $G_{\alpha\beta}$ 的结构为：顶点集包含

两个末端顶点 α 和 β，同样图像像素点 p 在集合 P_α 和集合 P_β 中（也就是说 $f_p \in \{\alpha,\beta\}$）。因此，顶点集 $V_{\alpha\beta}$ 由 α 和 β 组成，$P_{\alpha\beta}=P_\alpha \cup P_\beta$。每个 $p \in P_{\alpha\beta}$ 的像素分别通过边 t_p^α 和 $t_{p'}^\beta$ 与末端 α 和 β 连接。为了简化，将这些边称为 t-links（Terminal Links）。每对互为邻域（例如 $\{p,q\} \in N$）的像素 $\{p,q\} \subset P_{\alpha\beta}$ 通过边 $e_{\{p,q\}}$ 连接，这些连接称为 n-links（Neighbor Links）。因此所有这些边的集合 $\varepsilon_{\alpha\beta}$ 由 $\bigcup_{p \in P_{\alpha\beta}} \{t_p^\alpha, t_p^\beta\}$（t-links）和 $\bigcup_{\substack{\{p,q\} \in N \\ p,q \in P_{\alpha\beta}}} e_{\{p,q\}}$（n-links）组成。赋给边的权重见表 5-1。

表 5-1　赋给边的权重

边	权　重	条　件
t_p^α	$D_p(\alpha) + \sum_{\substack{q \in N_p \\ q \notin P_{\alpha\beta}}} V(\alpha, f_q)$	$p \in P_{\alpha\beta}$
t_p^β	$D_p(\beta) + \sum_{\substack{q \in N_p \\ q \notin P_{\alpha\beta}}} V(\beta, f_q)$	$p \in P_{\alpha\beta}$
$e_{\{p,q\}}$	$V(\alpha,\beta)$	$\{p,q\} \in N$ $p,q \in P_{\alpha\beta}$

如果两条 t-links 都不在 C 中，那么将有一条从 α-β 的路径；如果两条 t-links 都被割掉，那么一个合适的子集 C 将是一个割。因此，任何割使得 $P_{\alpha\beta}$ 中的每个像素正好有一条 t-links。

这样定义了一种与 $G_{\alpha\beta}$ 一个割对应的标记 f^C：

$$f_p^C = \begin{cases} \alpha, \text{若 } p \in P_{\alpha\beta}, \text{且 } t_p^\alpha \in C \\ \beta, \text{若 } p \in P_{\alpha\beta}, \text{且 } t_p^\beta \in C \\ f_p, \text{若 } p \in P, \ p \notin P_{\alpha\beta} \end{cases} \tag{5-28}$$

这样可以得出引理 5.1。

引理 5.1　在 $G_{\alpha\beta}$ 的一个割上，初始组态 f 经对应于该割的一次 α-β 互换，得到对应该割的一个新的组态 f^C。

容易知道，一个割 C 在图 $G_{\alpha\beta}$ 的领域顶点 $e_{\{p,q\}}$ 所形成的 n-links 中的作用是：当且仅当 C 使得像素 p 和 q 与不同的端点连接。可以将其概括为性质 5.2。

性质 5.2　对于任意割 C 和任意 n-links：

（1）若 $t_p^\alpha, t_q^\alpha \in C$，则 $e_{\{p,q\}} \notin C$；

（2）若 $t_p^\beta, t_q^\beta \in C$，则 $e_{\{p,q\}} \notin C$；

（3）若 $t_p^\alpha, t_q^\beta \in C$，则 $e_{\{p,q\}} \in C$；

(4) 若 $t_q^\beta, t_p^\alpha \in C$，则 $e_{\{p,q\}} \in C$。

性质5.2 (1) 和 (2) 是由于要求没有 C 的合适自己将端点分离；性质5.2 (3) 和 (4) 也使用了这一特性：一个割必须将两个端点分开。这些属性在图5.5中进行了说明。

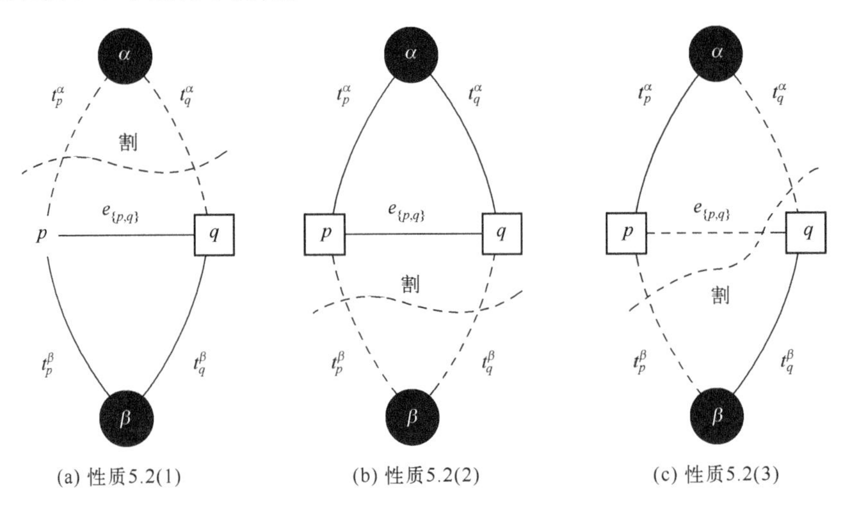

图5-5　由图 $G_{\alpha\beta}$ 中两个互为邻域像素构成的子图的分割方法示意图

引理5.3　对于任意割 C 和任意的n-links：

$$|C \cap e_{\{p,q\}}| = V(f_p^C, f_q^C) \tag{5-29}$$

证明：有四种类似的结构；这里仅以 t_p^α，$t_q^\beta \in C$ 的情况为例对引理进行证明，在这种情况下 $e_{\{p,q\}} \in C$，因此由式（5-28），$f_p^C = \alpha$ 和 $f_q^C = \beta$，得到 $|C \cap e_{\{p,q\}}| = |e_{\{p,q\}}| = V(\alpha, \beta)$。

注意到该证明假设 V 满足式（5-28）和式（5-29）。引理5.1、引理5.3和性质5.2可以得到定理5.4。

定理5.4　在 $G_{\alpha\beta}$ 的割 C 与一次在组态 f 上的 α-β 互换之间具有一一对应关系，并且在 $G_{\alpha\beta}$ 上的割 C 的代价为 $|C|$ 等于 $E(f^C)$ 加上一个常数。

证明：由于t-links唯一确定赋给像素 p 的状态，并且n-links必定是割，由这一事实可以得到第一部分：

$$|C| = \sum_{p \in P_{\alpha\beta}} |C \cap \{t_p^\alpha, t_p^\beta\}| + \sum_{\substack{\{p,q\} \in N \\ \{p,q\} \subset P_{\alpha\beta}}} |C \cap e_{\{p,q\}}| \tag{5-30}$$

注意到对于 $p \in P_{\alpha\beta}$，有

$$|C \cap \{t_p^\alpha, t_p^\beta\}| = \begin{cases} |t_p^\alpha| & 如果\ t_p^\alpha \in C \\ |t_p^\beta| & 如果\ t_p^\beta \in C \end{cases} = D_p(f_p^C) + \sum_{\substack{q \in N_p \\ q \notin P_{\alpha\beta}}} V(f_p^C, f_q) \tag{5-31}$$

引理 5.3 给出了式（5.30）中的第二项。因此，割 C 上的总的代价为

$$
\begin{aligned}
|C| &= \sum_{p \in P_{\alpha\beta}} D_p(f_p^C) + \sum_{p \in P_{\alpha\beta}} \sum_{\substack{q \in N_p \\ q \notin P_{\alpha\beta}}} V(f_p^C, f_q) + \sum_{\substack{[p,q] \in N \\ \{p,q\} \subset P_{\alpha\beta}}} V(f_p^C, f_q^C) \\
&= \sum_{p \in P_{\alpha\beta}} D_p(f_p^C) + \sum_{\substack{[p,q] \in N \\ p \text{ or } q \in P_{\alpha\beta}}} V(f_p^C, f_q^C)
\end{aligned} \tag{5-32}
$$

这可以重新改写为

$$
|C| = E(f^C) - K \tag{5-33}
$$

这里，$K = \sum_{p \notin P_{\alpha\beta}} D_p(f_p) + \sum_{\substack{[p,q] \in N \\ \{p,q\} \cap P_{\alpha\beta} = \phi}} V(f_p, f_q)$，对于所有割 C 而言是相同的常数。

在对 MRF 模型的求解中，最后要使能量达到最小。为了做到这一点只需在 $G_{\alpha\beta}$ 找到一个最小割，从而进行一次 α-β 互换，使一次互换中，得到一次使能量达到最低的新的组态 $\hat{f} = f^C$，反复执行这个步骤，最终可以使能量函数在全局上最小化，从而达到求解 MRF 的目的。

5.5 试验结果与分析

利用 5.4.2 节所提出的模型进行建模，并利用最小割/最大流的 α-β 互换算法对室外场景进行了求解。

图 5-6 左边为同一视频中不同帧的原始图像的截图，视频中的目标为快艇。由于当时试验条件限制，所拍摄的视频较短。从原始图像中可以看出，拍摄时气象条件比较差，有较大的雾，并且海面比较粗糙。右边一列为利用核函数-MRF 模型对该视频进行分割的结果。

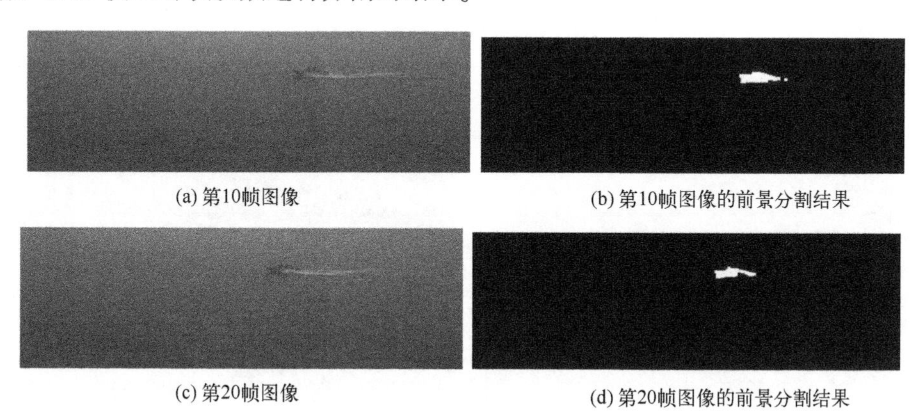

(a) 第10帧图像　　(b) 第10帧图像的前景分割结果

(c) 第20帧图像　　(d) 第20帧图像的前景分割结果

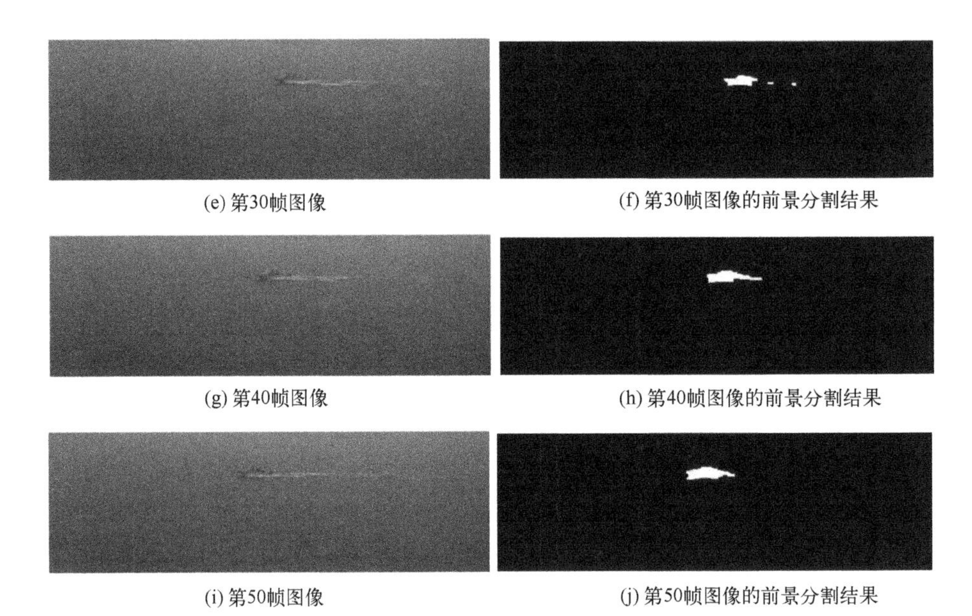

(e) 第30帧图像　　(f) 第30帧图像的前景分割结果

(g) 第40帧图像　　(h) 第40帧图像的前景分割结果

(i) 第50帧图像　　(j) 第50帧图像的前景分割结果

图 5-6　试验结果对比海面舰船的前景分割结果

从图结果中可以看出，该模型可以很好地将运动的前景分割出来，对海浪影响的抑制效果明显，并且可以较好地消除舰艇尾流的影响。

图 5-7 是在晴朗条件下拍摄的一组数据，拍摄时阳光充足，受阳光的影响，海面动态色差加大，从原始图像中可以看出，当时海浪较大，而目标距离摄像机远，成像面积小，增加前景分割的难度。第二列为分割结果，从图中可以看出，目标分割结果比较准确。在图 5-7（c）数据中海鸥刚好飞过（图中圆圈内的目标为海鸥），从第二列结果中可以看出，海鸥也被分割为前景。这表明，该前景分割模型具有很强的小目标检测能力。

(a) 第11帧图像

(b) 第11帧图像的分割结果

(c) 第41帧图像　(d) 第41帧图像的分割结果

(e) 第99帧图像　(f) 第99帧图像的分割结果

(g) 第151帧图像　(h) 第151帧图像的分割结果

图 5-7　阳光充足的条件下海面舰船的前景分割结果

图 5-8 第一列原始图像中的目标为慢速运动的渔船，目标速度低，图中圆圈处均为舰船和海鸥等小目标。每帧图像大小为 640×480 像素，对比第 50 帧与第 2990 帧的原始图像。将近 3000 帧的数据中，图像平面内目标移动

距离不超过200个像素。第二列为分割结果。从结果中可以看出，在目标速度极低的情况下，该算法的前景分割准确性有所降低，但是每一帧都能检测到目标。另外从分割结果图像的底部我们可以看到几乎每帧都带有噪声，但是帧间噪声在图像中的位置比较分散，因此，如果对该结果进行帧间处理，可以消除噪声点，从而可以获取准确的目标信息。

(a) 第50帧图像　(b) 第50帧图像处理结果

(c) 第550帧图像　(d) 第550帧图像处理结果

(e) 第1050帧图像　(f) 第1050帧图像处理结果

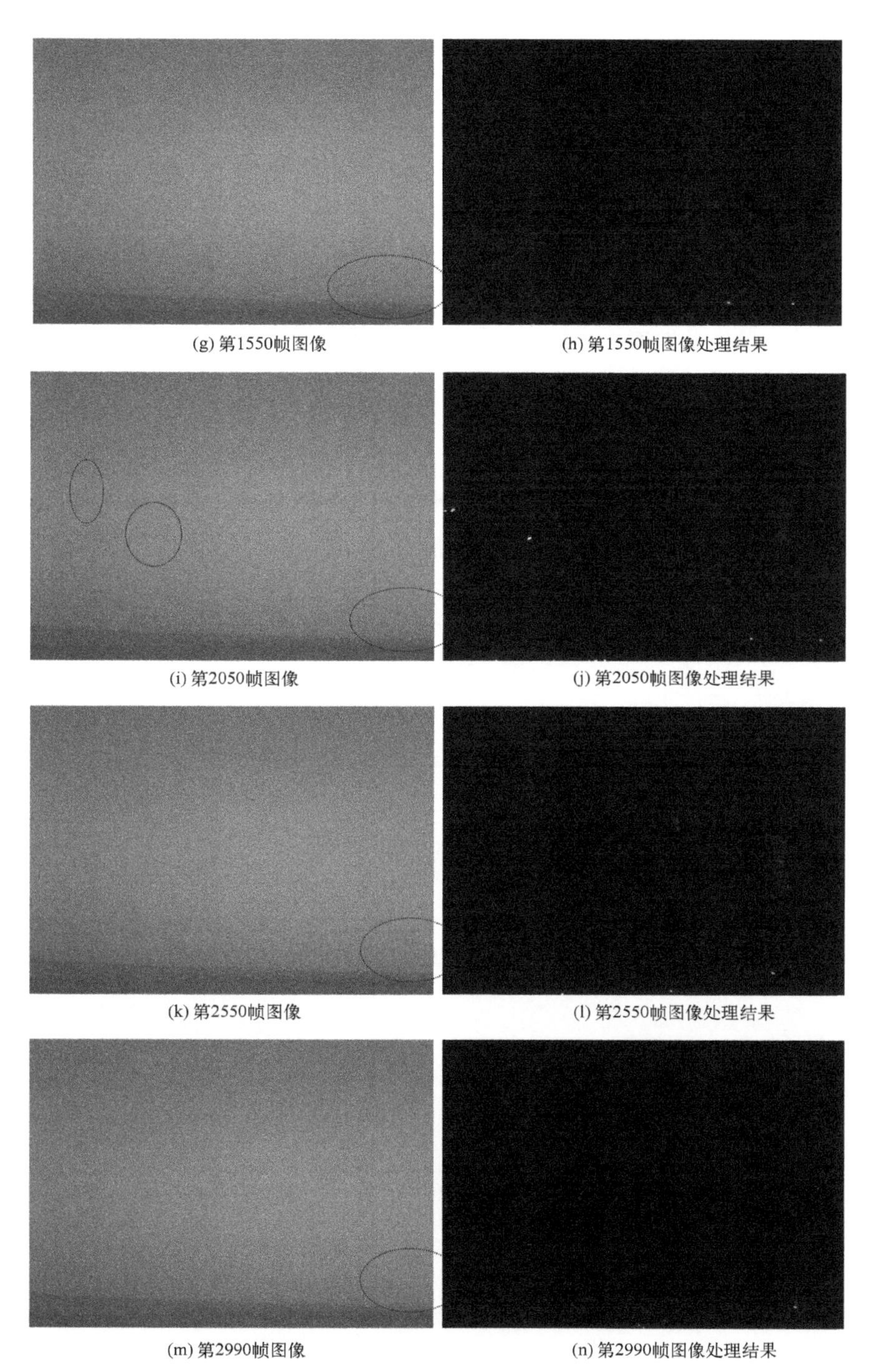

图 5-8　远景低速运动小目标分割

5.6 小　　结

本章对前景检测方法进行了研究，介绍了多高斯模型用于前景分割时的缺点，提出了多高斯 MRF 前景分割模型和核函数 MRF 的前景分割模型。

多高斯背景模型可以对复杂的场景进行前景检测，利用其检测结果作为观测值，建立了 MRF 模型，并对室外复杂场景下的图像进行了前景检测试验，克服了多高斯模型做前景分割时容易在目标区域产生空洞现象等缺陷，分割结果更加准确。

由于多高斯背景模型没有考虑相邻像素间的相关性，因此其结果容易形成孤立点。基于这方面的考虑，提出了邻域相关核函数的背景模型表示方法，并以此背景模型计算结果作为当前的观测值，建立了 MRF，并在室外场景的数据上进行了试验。结果表明，该模型对低速小目标具有较强的检测能力，同时又能很好地抑制海浪运动产生的噪声。

第六章　基于协作双混合高斯背景建模的小目标检测方法

6.1　引　　言

随着我国南海等地人工岛礁的开发，国外势力加强了对我国岛礁的监控和入侵，及时发现监控和侵犯我岛礁的目标具有重要军事价值。采用光学摄像机对岛礁海岸入侵的目标进行自动检测、预警是行之有效的手段之一。由于目标在侵入海岸的过程中是运动的，因此运动目标检测或者场景变化检测技术成为入侵检测的首选。运动目标检测技术一直是计算机视觉领域的研究热点和难点之一，其主要目标是检测视频中的运动目标、同时抑制背景的运动信息。在岛礁场景条件下，由于岛上配套资源、保障能力有限，在布设海岸入侵摄像头时，尽量让每个摄像头覆盖尽可能长的海岸线，从而导致离摄像头较远距离的目标成像面积小、目标背景对比度低。且入侵目标通常对自己在外形、颜色、姿态等各方面进行伪装，现有流行的利用数据驱动的基于深度学习的目标检测算法[5-6]难以适应岛礁海岸入侵的场景。因此，本文提出一种阈值自适应、周期可控运动检测建模算法。该算法借鉴传统的混合高斯模型进行逐像素建模，分别设置前景混合高斯模板和背景混合高斯模板，提升模型对视频场景的描述能力；并采取适当的参数更新策略，克服传统高斯混合背景模型的拖尾及空洞化等现象；由于双混合模型具有更强的前背景描述能力，算法采取自适应阈值策略在低照度、高亮度等大对比度场景中仍能够很好地检测到低目标背景对比度运动目标，同时能够较好地抑制背景噪声。

6.2　双混合高斯模型协作算法

6.2.1　传统混合高斯背景模型及改进思路

假设当前图像某个像素亮度值为 x_t，则当前时刻位置像素属于背景的概率通过混合高斯模型计算：

$$P_b(x_t)=\sum_{k=1}^{K}w_{k,t}\eta(x_t|\mu_{k,t},\sigma_{k,t}) \tag{6-1}$$

$$\eta(x_t|\mu_{k,t},\sigma_{k,t})=\frac{1}{\sqrt{2\pi}\sigma_{k,t}}\exp\left(-\frac{(x_t-\mu_{k,t})^2}{2\sigma_{k,t}^2}\right) \tag{6-2}$$

其中：K 为描述每个像素点的高斯分布的个数（$\sum_{k=1}^{K}w_{k,t}=1$）为每个高斯分布的权重。

新进来的像素与该位置像素进行高斯模型匹配，对于匹配上的某个高斯，其参数可按下述方法更新：

$$\rho=\alpha\cdot\eta(x_{t+1}|\mu_t,\sigma_t) \tag{6-3}$$

$$\mu_{t+1}=(1-\rho)\mu_t+\rho x_{t+1} \tag{6-4}$$

$$\sigma_{t+1}^2=(1-\rho)\cdot\sigma_t^2+\rho\,(x-\mu_{t+1})^2 \tag{6-5}$$

其中：α 为用户指定的学习率常数。公式（6-1）中的高斯权重更新如下：

$$w_{k,t+1}=(1-\alpha)w_{k,t}(t)+\alpha M_{k,t} \tag{6-6}$$

式中：对于匹配模式 $M_{k,t}=1$，非匹配模式 $M_{k,t}=0$。

高斯参数和权重更新完毕后，赋予每个高斯不同的优先级 $p_{k,t}=w_{k,t}/\sigma_{k,t}$，并对模型中的高斯分布按这个优先级从高到低进行排序，背景的判决依据为

$$B(t)=\arg\min_b\left(\sum_{i}^{b}w_j(t)>T_B\right) \tag{6-7}$$

式中：T_B 为手动指定的阈值。

多高斯背景模型的一个突出优点是允许一个像素点可以用多个高斯分布进行描述，理论上可以处理复杂的背景运动，一个模型更新时，其他模型都不会被破坏。但传统的混合高斯背景模型处理复杂背景模型的能力有限，例如，由于对所有像素采用统一的权重更新策略，导致传统混合高斯背景模型维持能力有限。

基于混合高斯模型的思想，本算法对传统的混合高斯模型做了如下改进：

（1）与传统混合高斯模型不同，本算法采用两套混合高斯模型进行前背景建模；

（2）传统混合高斯背景模型在初始化时，默认当前像素为背景，本算法中，默认当前像素为前景；

（3）背景模型初始化前，采用候选混合高斯前景模型，采用与混合背景模型不同的参数更新策略，对前景点进行统计验证，验证通过才纳入混合高斯背景模型；

（4）与公式（6-6）权重更新方法不同，本算法在经过某个前景模型确认为当前像素点为背景像素时，加大该高斯模型的权重（断定该高斯模型为背景具有高置信度），从而能够在更长的时间内进行背景保持；

（5）采用双阈值自动选择的方法，改善突变光照条件下模型的性能；

（6）对前景点始终利用混合高斯前景模型进行验证，确定是否新加入或者替换原有的模板。

6.2.2　双混合高斯模型协作算法

本算法采用了混合高斯背景模型的思想，在混合高斯背景模型的基础上进行改进。混合高斯背景模型默认假设每个像素为背景像素，然后将当前像素值与背景模型进行匹配，在此基础上对背景模型进行更新。本算法假设每个像素为前景点，对于每个像素同时采用 n 个混合高斯背景模型和 m 个混合高斯前景模型进行建模，克服现有基于像素的混合高斯背景模型的固有缺陷。

本算法还专门针对引入周期控制因子，消除周期运动，尤其是传统像素级背景模型难以消除的电线、树枝、水纹等背景运动干扰的影响。算法总体流程如图 6-1 所示。

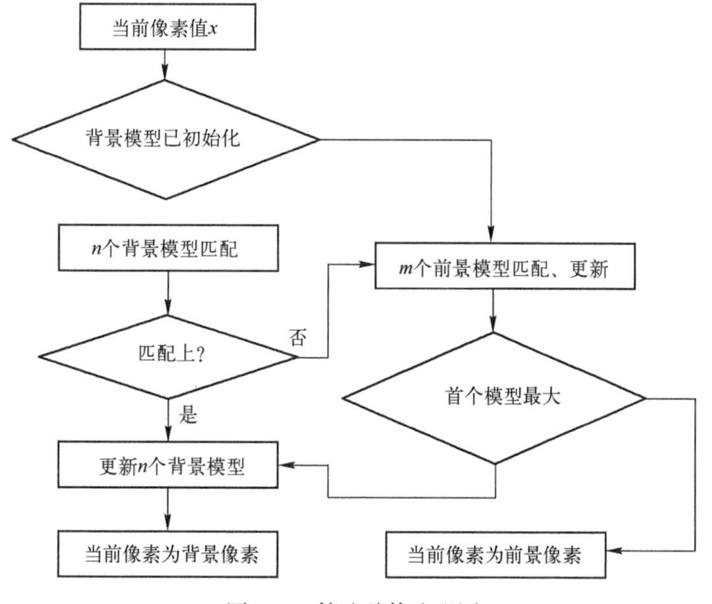

图 6-1　算法总体流程图

（一）混合高斯前景模型及其更新过程

混合高斯前景模型由 M 个高斯核（$F_1,F_2,\cdots,F_M$）构成，采用如下形式混合高斯模型：

$$P_F(x_t)=\sum_{m=1}^{M}C_{F,m}\eta(x_t|\mu_{m,t},\sigma_{m,t}) \tag{6-8}$$

此处高斯模型的权重参数利用计数权重表示。前景模型只负责对当前像素点进行混合高斯统计，并不对当前像素是否属于前景进行分类。

若当前像素的背景模型没有被初始化，或者与混合高斯背景模型没有匹配上，则将该像素点送入到背景模型。匹配上的高斯核的参数利用式（6-3）~式（6-5）进行更新。若当前像素与某个模型匹配，则 $C_{F,i}$ 计数加 1，若不匹配，则其计数值减去一个小于 1 的数。当系数 $C_{F,i}<0$，则将对应的高斯模型从混合高斯前景模型中剔除。

前景模型的高斯参数和权重更新完毕后，按权重 $C_{F,i}$ 从高到低进行排序，并对第一个权重大小按阈值进行判断，若 $C_{F,1}>\theta_A$，则将该高斯模型迁移到背景模型，将该模型替换混合高斯背景模型中的最后一个模型，实现背景模型的初始化。本算法的所有背景模式均从前景模型中迁移获取。

（二）混合高斯背景模型及其更新过程

混合高斯背景模型中，采用 $N+1$ 个模型：

$$P_b(x_t)=\sum_{n=1}^{N+1}C_{B,n}\eta(x_t|\mu_{n,t},\sigma_{n,t}) \tag{6-9}$$

式中：$C_{B,n}$ 为对像素值匹配某个高斯模型的有效计数。$N+1$ 个模型分别用 B_0，$B_1,\cdots,B_N$ 表示，其中 B_0 为“长时”模板，$B_1,\cdots,B_N$ 为“短时”模板。每个模板包含一个高斯模型和一个计数器。背景模型中的所有高斯均从前景模型中迁移而来，背景模型工作过程如下。

（1）前背景分类和高斯参数更新。

遍历背景模型，当前像素值与高斯模型进行匹配，对于匹配上的模型，其参数按式（6-3）~式（6-5）进行更新。本算法混合高斯背景模型中的每个高斯模式，都经过前景模型验证，可视其为真实可信的，因此，与传统混合高斯背景模型不同，一旦当前像素值与混合高斯背景模型中的某个模式匹配成功，本算法即判定该像素为背景像素。

（2）计数值更新。

计数值更新方式与前景模型类似，若与某个模型匹配时，计数值加 1，若某个模型没有匹配上新的像素值，则其计数减去一个小于 1 的常数。当某个计数值小于 0 时，将该模式从背景模型中删除。

（3）模板排序。

模板排序的方式尽可能让活跃背景值总是保存在 B_0 中，最不活跃的背景值保存在 B_N 中。对于 B_1 到 B_N，采用冒泡法进行排序。对于 B_0 和 B_1，当 $C_{B,1}$ 大于某个计数阈值 θ_B，并且 $C_{B,0}$小于阈值 θ_B 时，则将 B_0 和 B_1 两个模板位置交换，且设置新的 $C_{B,0}$为 $\gamma\times\theta_B$。设置大的 $C_{B,0}$可以保证该模板即便在背景像素值缺失的情况下（如多个运动前景目标连续遮挡），仍然能够较好地维持该模型。

6.3　试验结果与分析

为验证本算法的有效性，在 C++ CUDA 环境下实现了本算法，试验环境为 Inter(R) Core(TM) i7-8750H 2.20GHz，32GB 内存，英伟达 GTX2070 显卡。为验证算法在海岸入侵检测中的有效性，专门针对海岸入侵检测场景采集了接近实际海岸场景的视频数据，并利用提出的算法在该数据上进行了试验，试验结果如图 6-3 所示。

图 6-2（a）用于模拟海岸上具有树木等植被的场景，该视频中树叶在风的吹动下做复杂运动，在图像的左上部分，有一行人自左向右缓慢运动，行人的横向像素宽度仅为 4 个像素。从图像的局部放大可以看出，即便是人眼也很难在图像中发现行人目标。从图 6-2（b）的左边可以看出，该算法仍然能够检测出该运动目标。同时，对行走的车辆等较大的目标仍然具有很好的运动检测能力。由于马路中间有隔离护栏、树木等遮挡，车辆被遮挡部分被检测为背景，符合实际场景情况。

(a) 原始图像帧　　(b) 检测结果

图 6-2　运动树木等复杂背景条件下的远处小目标检测试验结果

(a) 原始图像帧　　　　(b) 检测结果

图 6-3　海岸入侵目标模拟场景试验结果

图 6-3（a）的数据在实际海岸环境采集，左边第一个箭头对应处有两个正在行走的行人，其中车轮上方行人只露出上半身，肉眼很难发现该行人的存在，白色车子正前方行人全身可见，这两个行人肤色与堤坝对比度低，在原始视频中通过肉眼均很难发现。从图 6-3（b）运动检测结果可以看出，两个行走中行人的运动信息均被算法感知。右侧箭头对应的行人在渔船的甲板上，由于甲板上的建筑复杂，在实际视频中通过肉眼也很难发现，从试验结果可以看出，算法也可以感知到该行人的运动。

本算法对视频帧进行逐像素建模，适合 GPU 等架构的算法加速，在 CUDA C 环境下具有很高的运行效率。试验中，测试视频画面分辨率均设置为 320×240，在多组试验中，该算法运行速度均大于 3500fps。

第七章 基于深度学习的小目标尺度敏感分析检测方法

目前海面小目标检测仍然面临一定的难度，主要表现在两个方面：一方面，海面小目标检测算法精度不够高。海浪波动造成动态的海面噪声，而海空云雾造成空中干扰等，这些复杂的环境给小目标检测算法带来挑战，检测精度不理想。另一方面，海面小目标检测算法适应性较差、不够稳定。海面环境多变，包括港湾、海岛、普通海岸、入海口等，目标形状、色彩多变，例如各形态和颜色的船舶、飞机等，给算法的泛化性和稳定性造成很大影响。

本研究适用于海面环境的视频小目标检测分析平台，利用摄像头实时拍摄海面环境影像，设计基于深度学习的小目标检测网络和模型，构建高逼真度的海面小目标仿真数据集，实现具有高精度、高稳定性的海面小目标检测。

7.1 小目标仿真数据集构建方法

通过收集多幅真实的不同种类的船只图像和多个不同天气状况下的海面场景视频，使用时空动态变化的海平面轨迹规划技术对船只进行嵌入融合，具体方法如下。

针对每个海面视频，每间隔 1s 抽取其中一个视频帧，针对每个视频帧的海平面等间隔采集多个采样点，并根据视频海平面的起伏程度选择 T 次多项式，利用 T 次多项式曲线拟合的方式拟合完整海平面，该多项式含有 $T+1$ 个参数。在得到整个海面视频的所有 T 次多项式拟合曲线后，针对多项式的每一项系数以时间为横坐标、系数为纵坐标同样使用多项式进行曲线拟合，总共得到 $T+1$ 个参数拟合曲线。因为海面的时空连续性，通过这种方式就可以得到系数随时间变化的 T 次多项式海面拟合曲线。除多项式逼近外，对于不同海面场景可以选择不同的曲线拟合类型，如指数逼近、傅里叶逼近等。

针对每个海面场景视频，给定嵌入船只的初始位置和移动速度。对每个视频帧，根据时间标签计算船只在每个海平面视频帧图像中的横坐标，并利用当前视频帧对应的时间求得 T 次多项式的当前系数，得到当前视频帧的海平面拟合曲线，进而根据横坐标计算出纵坐标，从而得到每帧视频图像的船只嵌入位置。

针对嵌入的图片，利用高斯滤波对前景船只图片进行模糊处理，之后将船只缩小到合适的大小，如 50 像素，将得到的模糊小尺寸图片嵌入到上述生成的位置，并在嵌入后再次使用高斯滤波对边缘进行平滑。

针对每个视频帧，以得到的每个视频帧的嵌入位置为中心，将上面得到的结果图片逐帧嵌入到海面场景图像。利用前景目标图像插入的位置和缩放后的大小构建目标检测的标注框。

构建数据集的具体步骤可以总结如下：

步骤 1：收集 M 幅真实的不同种类的船只图像和 N 个不同天气状况下的海面视频。

步骤 2：海平面嵌入轨迹规划。针对每个海面视频，每间隔 1s 抽取其中一个视频帧，针对每个视频帧的海平面等间隔采集多个采样点，并根据视频海平面的起伏程度选择 T 次多项式，利用 T 次多项式曲线拟合的方式拟合完整海平面，该多项式含有 $T+1$ 个参数；在得到整个海面视频的所有 T 次多项式拟合曲线后，针对多项式的每一项系数以时间为横坐标-系数为纵坐标同样使用多项式进行曲线拟合；总共得到 $T+1$ 个参数拟合曲线；通过上述步骤得到系数随时间变化的 T 次多项式海面拟合曲线；对于不同海面场景，选择不同的曲线拟合类型。

步骤 3：针对每个海面场景视频，给定嵌入船只的初始位置和移动速度；对每个视频帧，根据时间标签计算船只在每个海平面视频帧图像中的横坐标，并利用当前视频帧对应的时间求得 T 次多项式的当前系数，得到当前视频帧的海平面拟合曲线，进而根据横坐标计算出纵坐标，从而得到每帧视频图像的船只嵌入位置。

步骤 4：船只与海面的无缝融合。针对嵌入的图片，利用高斯滤波对前景船只图片进行模糊处理，之后将船只缩小，将得到的模糊小尺寸图片嵌入到步骤 3 生成的位置，并在嵌入后再次使用高斯滤波对边缘进行平滑。

步骤 5：针对每个视频帧，以步骤 3 中得到的每个视频帧的嵌入位置为中心，将步骤 4 中得到的结果图片逐帧嵌入到海面场景图像；利用前景目标图像插入的位置和缩放后的大小构建目标检测的标注框。

步骤 6：图 7-1 为仿真结果示例，针对每个海面视频，重复步骤 2~5，从而构建完整的海面小目标数据集。

图 7-1　仿真结果示例

7.2　小目标检测的尺度敏感性分析

探究主干网络卷积特征的尺寸、深度和融合机制对多尺度船舶检测的影响规律，并找出各个尺度范围上性能最优的卷积特征设置。

7.2.1　CenterNet 模型的结构和原理

选择 CenterNet 作为基础检测框架，使用 Resnet50 为提取特征的基础主干网络。主干网络结构如图 7-2 所示，由 conv1、conv2_x、conv3_x、conv4_x 和 conv5_x 五个网络段组成。原始的第一网络段 conv1 是核为 7×7、步长为 2 的单层卷积网络，使用两个核为 3×3 的卷积层代替，其中第一个卷积层步长为 2。第二网络段由 3 个相同的残差块串联组成，在残差块之前还有一个核为 3×3、步长为 2 的最大池化层。第三网络段由 4 个相同的残差块串联组成，在网络段的第一个残差块中核为 3×3 的卷积层，其步长设置为 2。第四网络段由 6 个相同的残差块组成，在网络段的第一个残差块中核为 3×3 的卷积层，其步长设置为 2。第五网络段由 3 个相同的残差块组成，在网络段的第一个残差块中核为 3×3 的卷积层，其步长设置为 2。可以观察到，从图像输入网络，每经过一个网络段，输出的卷积特征图的分辨率都下降为前一网络段的 1/2。使用第二、三、四、五网络段输出卷积特征图来探究网络特征融合策略，分别记作 C2、C3、C4 和 C5。

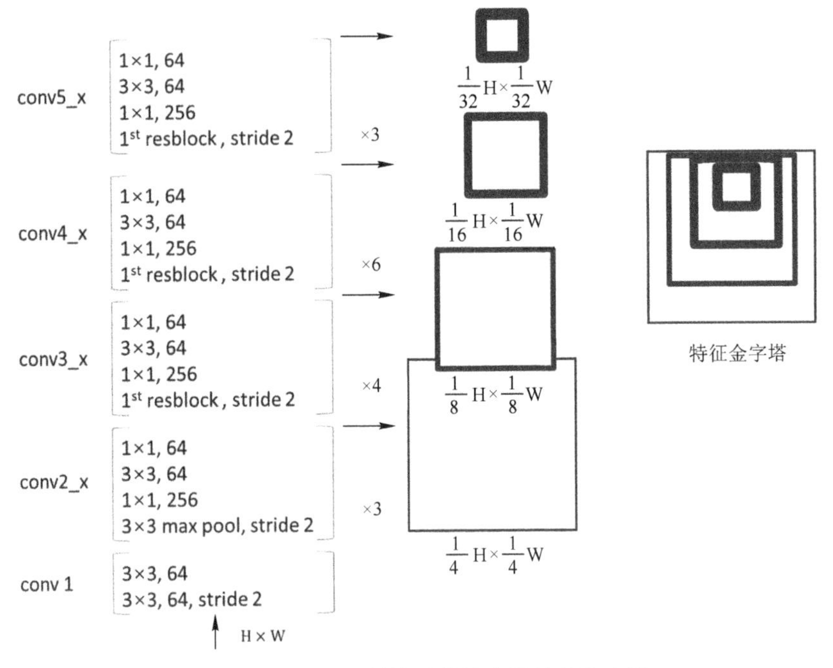

图 7-2　Resnet50 结构及其输出的特征金字塔

受到 CornerNet 丢弃锚框转而使用角点表示方框位置思想的启发，CenterNet 被设计了出来。与 CornerNet 不同的是，CenterNet 使用目标方框中心点表示方框的位置，而方框的形状直接通过它的宽度和高度表示。与 CornerNet 相同的是，CenterNet 并不是直接预测方框中心点的坐标，而是预测方框中心点的分布状况。中心点分布通过热力图表示。

在图 7-3 中，红色实线的矩形框表示这艘船实际标注的方框，黄色矩形框的中心点在红色矩形框中心点附近时，黄色虚线框也能正确表示这艘舰船。这是因为此时红色实线框与黄色虚线框具有较大的交并比。黄色方框中心越靠近红色方框中心，两者的交并比越大；反之，两者的交并比越小。红色圆圈表示黄色虚线方框中心点允许存在的范围，当它超过这个范围时不再能表示这艘船的位置。我们称红色圆圈为分布圆，红色圆圈半径为分布半径。在红色实际标注框的宽度和高度确定时，分布半径 r 由红色和黄色方框的交并比 t 决定。在探究试验中设置 $t=0.7$，也就是说，黄色方框与红色方框的交并比至少为 0.7 才能被标记为正样本。这样处理可以扩大正样本点的数量，在训练网络时降低正负样本不平衡的影响。此外，这种中心点表征机制在推理时还可以提高模型的鲁棒性，避免假阴性的检测错误。

图 7-3　使用中心点的分布表示舰船的位置（彩图见插页）

在设置中将 CenterNet 的沙漏（Hourglass Network）型主干网络替换为 Resnet50，用于研究其第二、三、四、五网络段的 4 层卷积特征图，如图 7-3 所示。当使用单层卷积特征图检测时，所选择的特征图输入多个连续的转置卷积层，将卷积特征图放大为所需要的分辨率；当使用多层卷积特征图检测时，将选取的特征图输入融合网络，获得所需要分辨率的卷积特征用于检测。得到特征图接着输入检测部分，检测部分有三个分支，每个分支都是两层卷积网络，每层的卷积核都为 3×3，步长为 1，第一层卷积核数量都为 256，第二层卷积核的数量则不相同。第一个分支用来预测中心点的热力图（Heat Map），第二个分支用来预测方框的宽度和高度，第三个用来预测中心点的量化补偿值。三个分支输出的结果为三个张量，三个张量的分辨率是一样的，由输入检测网络的特征图决定，但是它们的通道数不同。预测中心点热力图的分支输出张量的通道数为样本类别数目，在本试验中只有船舶一种类别，因而通道数为 1；预测方框宽高值的分支输出张量的通道数为样本类别数目的 2 倍，每个类别分别预测各自类别中样本方框的宽度和高度；预测中心点量化补偿值的分支输出张量的通道数为 2，即 x 和 y 方向上的偏移值。

在训练时，CenterNet 所使用的样本数据会转换为图 7-4 中所表示的形式。图 7-5（a）是一张训练图像。以这艘船舶的方框为中心，产生一个二维高斯分布覆盖目标所在位置，如图 7-5（b）所示，得到这张图像对应的中心点热力图。产生这个二维高斯分布的函数为

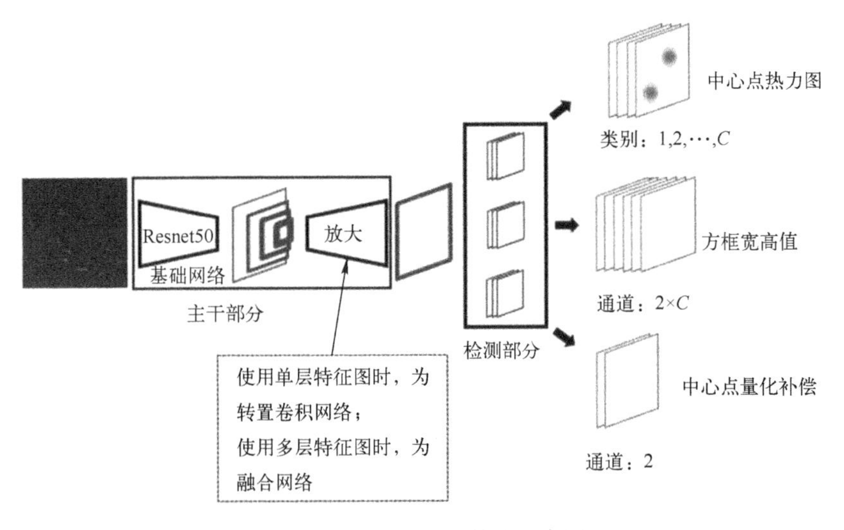

图 7-4　CenterNet 算法示意图

$$hm = e^{-\frac{(x-x_0)^2+(y-y_0)^2}{2\sigma^2}} \tag{7-1}$$

式中：(x_0, y_0)表示目标方框的中心点坐标，σ 为图 7-5 所示的红色圆圈半径的 1/3，而其半径由目标方框的宽和高共同决定。在原始的 CenterNet 网络中，中心点热力图的分辨率会从原始输入降采样 1/2，如图 7-5（c）所示。方框的宽高和中心量化补偿分别用两个长度为 M、通道数为 2 的向量表示，此外还需要索引向量在中心点热力图、方框宽高向量以及中心量化补偿向量之间建立映射关系，如图 7-5（d）所示。

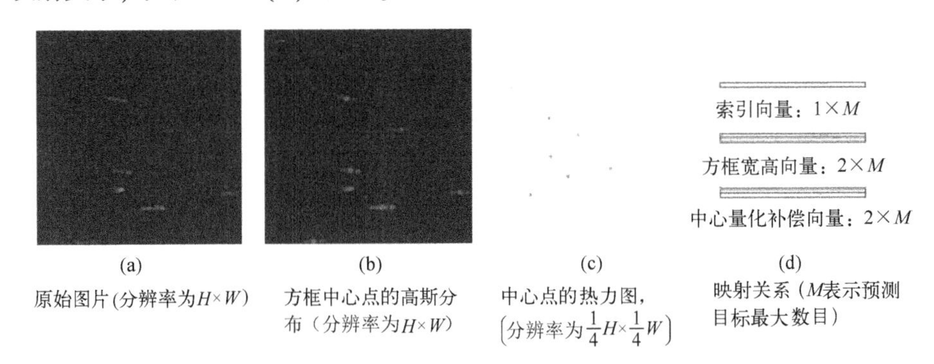

图 7-5　将标注数据转换为训练时所用的形式（彩图见插页）

在推理时，图像输入 CenterNet 后得到中心点热力图张量、中心点量化补偿张量和方框宽高值张量，如图 7-6 所示。从中心点热力图可以直接提取方框的中心点坐标和方框类别。方框宽高值张量和中心点量化补偿张量中的每个具体数值没有实际意义，但是通过后处理可以分别转化为方框宽高向量和中心点偏移向量。再结合提取的方框中心点坐标，可以得到方框最终的坐标值。

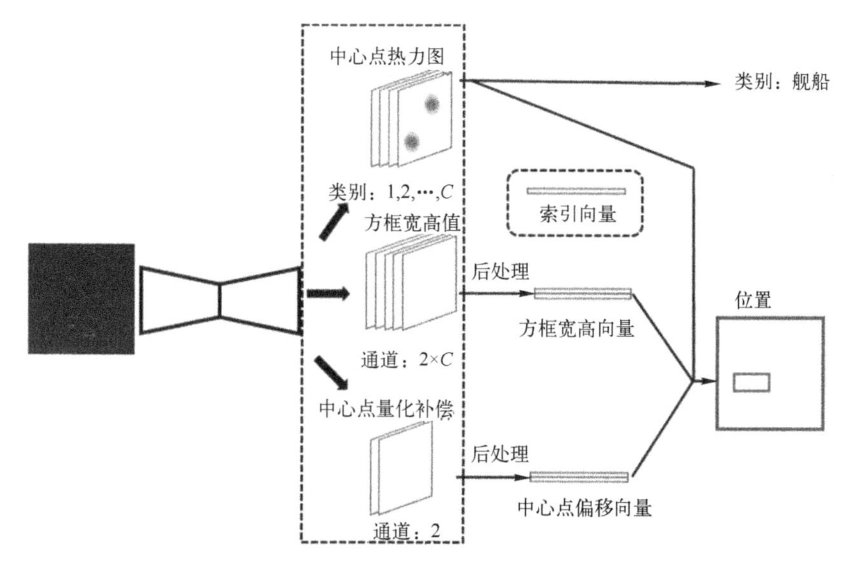

图 7-6　CenterNet 检测部分示意图

7.2.2　卷积特征的尺寸对多尺度舰船目标检测的影响

使用卷积特征相对输入图像的降采样率作为卷积特征的尺寸，例如 C4 的尺寸为 1/16，C5 的尺寸为 1/32，输入图像的尺寸为 1，输入图像上采样 2 倍得到的尺寸为 2。原始 CenterNet 在 C5 后连接了 4 层步长为 2 的反卷积层，得到的卷积特征尺寸为 1/2。

为了探究主干网络卷积特征对舰船目标尺度变化的影响，我们针对 C5 的卷积特征进行研究。在 C5 后连接若干数量的步长为 2 卷积核为 3×3 的反卷积层，使之尺寸可以放大为 1/8、1/4、1/2、1 和 2。

试验结果如表 7-1 所列。对小尺度舰船目标而言，主干网络输出的卷积特征尺寸越大，检测性能越好。对于中尺度和大尺度的舰船目标而言，检测时使用更小尺寸的卷积特征可以获得更好的检测结果。但是，随着用于检测的卷积特征尺寸的变化，不同尺度的舰船目标的检测精度增益效果也不同，如图 7-7 所示。

对小目标舰船来说，随着卷积特征尺寸的增加，获得的检测性能的增益逐步减弱。卷积特征尺寸从 1/8 增大到 1/4 时，对小目标舰船的检测精度可以提高 6.3%；但是卷积特征尺寸从 1/4 增大到 1/2 和从 1/2 增大到 1 时，小目标舰船的检测精度分别提升 4.4%和 3.1%；然而当卷积特征尺寸从 1 增大到 2 时，小目标舰船的检测精度增益非常轻微，仅为 0.2%。检测小目标舰船需要较大的特征尺寸，因为这样可以使得感受野较小，检测器在检测小目标舰船时不会混杂过多的背景信息；但是卷积特征的尺寸超过输入图像的尺寸时不会带来明显的增益，我们认为这是因为卷积特征在没有增强的情况下使之超过输入尺寸并不会获得更加精致的细节信息。因此认为，与输入图像相同尺寸的卷积特征最适合用于检测小尺度舰船目标，它可以获得与 2 倍输入尺寸几乎相同的检测精度，与此同时计算开销更小一些。

表 7-1　卷积特征尺寸变化对舰船检测精度的影响

尺　寸	AP/%	AP^s/%	AP^m/%	AP^l/%
2	59.6	**51.5**	78.2	74.3
1	61.4	51.3	84.9	85.7
1/2	**63.3**	48.1	87.1	91.2
1/4	62.1	43.7	**88.3**	92.2
1/8	61.8	37.4	87.9	**93.1**

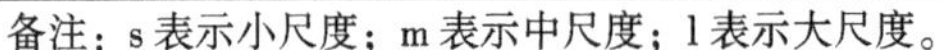
备注：s 表示小尺度；m 表示中尺度；l 表示大尺度。

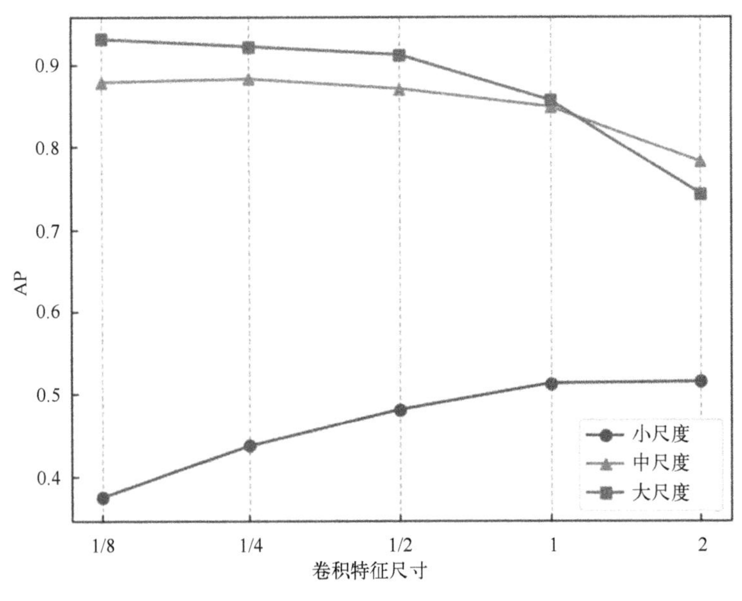

图 7-7　不同尺寸舰船目标的检测精度受卷积特征尺寸变化的影响曲线

（1/2 表示是输入图像尺寸的 1/2，1 表示与输入图像尺寸相同，2 表示是输入图像尺寸的 2 倍）

对中型目标尺度的舰船来说，在卷积特征尺寸为 1/4 时获得最好的检测结果。当卷积特征尺寸小于 1/4 时，其尺寸越大检测精度越低。并且随着卷积特征尺寸逐步降低，对中型舰船目标检测精度的减小值越大，换言之，负增益越大。卷积特征的尺寸从 1/4 增大到 1/2 时，对中型目标舰船的检测精度下降 1.2%；卷积特征尺寸从 1/2 增大到 1 时，检测精度下降 2.2%；卷积特征尺寸从 1 增大到 2 时，检测精度下降 6.7%。当卷积特征尺寸大于 1/4 时，中型目标舰船的检测精度开始下降。卷积特征尺寸从 1/4 增大到 1/8 时，检测精度下降 0.4%。我们认为检测中尺度的舰船目标最适合的卷积特征尺寸为输入图像的 1/4。当卷积特征尺寸小于 1/4 时，由于感受野过小，检测器无法感知中型舰船目标的全部信息，会降低检测结果；当卷积特征尺寸大于 1/4 时，由于感受野过大，检测器受到背景信息的干扰，会削弱检测器性能。

对大尺度的舰船目标来说，随着卷积特征尺寸减小，获得的检测性能增益逐步减弱。卷积特征的尺寸从 2 降低到 1 时，对大尺度舰船目标的检测精度可以提高 11.4%；当卷积特征尺寸从 1 降低到 1/2 时，大目标舰船的检测精度提高了 5.5%；当卷积特征尺寸从 1/2 降低到 1/4 和从 1/4 降低到 1/8 时，检测精度分别提高了 1%和 0.9%，增幅已经非常小了。检测大型舰船目标需要较大的感受野，使用较小尺寸的卷积特征可以使检测器取得较大的感受野，获得较好的检测结果。当卷积特征尺寸较大时，目标检测器会受到背景信号的干扰。但是，相比小型和中型舰船目标，检测大型舰船目标时对背景信号更为不敏感，混入一定的背景信息，检测器同样也能检测出大尺度的舰船目标。因此，当检测大型舰船目标时，在卷积特征尺寸从 1/8 降低到 1/16 的情况下，我们推测：如果检测精度增加，增幅不会超过 0.9%；如果检测精度下降，降幅也不会太大。根据试验结果和分析认为，输入图像降采样 1/8 后的尺寸最有利于检测大尺度的舰船目标。

此外，通过图 7-7 可以发现：中尺度和大尺度的舰船目标关于卷积特征尺寸的检测性能特性在趋势上具有相似性，而小目标舰船关于卷积特征尺寸的检测性能特性与大尺度和中尺度的舰船目标相比具有显著差异。第一，大尺度和中尺度的舰船目标关于卷积特征尺寸的检测精度在 75%~95%范围内，而小目标的范围是 35%~55%；第二，大尺度和中尺度舰船目标的检测精度在趋势上随着卷积特征尺寸增大而下降，而小目标舰船的检测精度在趋势上随着卷积特征尺寸增大而增大。这两点差异说明，卷积特征尺寸对检测小目标舰船和非小目标舰船的作用具有不一致性，但是这种不一致性并不是导致小目标舰船检测精度差的主要因素。

7.2.3 卷积特征的深度对多尺度舰船目标检测的影响

C2、C3、C4 和 C5 分别来自 Resnet50 的不同深度层的输出：C2 是第 11 层的输出，C3 是第 23 层的输出，C4 是第 41 层的输出，C5 是第 50 层的输出。因此直接使用这 4 个卷积特征来探究主干网络卷积特征的深度对舰船目标尺度变化的影响。

首先使用完整的 Resnet50 作为基础的特征提取网络并添加 4 层转置卷积用于放大特征尺寸。将训练收敛的模型用于表征 C5 的性能。取收敛网络的 C4 部分并添加 3 个转置卷积层，在训练时冻结 C4 部分的权重，仅更新放大部分和检测部分的网络权重，得到的模型用于表征 C4 的性能。取收敛网络的 C3 部分并添加 2 个转置卷积层，训练时冻结 C3 部分的权重，仅更新放大部分和检测部分的权重参数，得到的模型用于表征 C3 的性能。取收敛网络的 C2 部分并添加 1 个转置卷积层，训练时冻结 C2 部分的权重，仅更新放大部分和检测部分的权重参数，得到的模型用于表征 C2 的性能。采取上述试验设置，一方面防止卷积特征尺寸的干扰，另一方面共享特征提取网络权重保持一致性，也就是说排除了初始化参数不一致和收敛路径不一致的情况。

试验结果如表 7-2 所列。小尺度舰船目标使用 C3 深度的卷积特征获得最好的检测结果；中尺度舰船目标使用 C4 深度的卷积特征使得检测精度最高；大尺度舰船目标使用 C5 深度的卷积特征时检测精度达到最优。因为在试验中特征提取基础网络的权重参数是共享的，从参数拟合的观点来看：对小目标舰船而言，C3 卷积特征刚好拟合，C2 特征处于欠拟合，而 C4 和 C5 层的卷积特征处于过拟合状态；对中型舰船目标来说，C4 特征处于拟合状态，C2 和 C3 特征处于欠拟合状态，C5 特征已进入到过拟合状态；对大尺度的舰船目标，C2 和 C3 明显处于欠拟合状态，而 C4 到 C5 仅提升 0.2%，两者几乎持平，可以认为 C4 和 C5 到达了拟合状态。

表 7-2 卷积特征深度变化对舰船检测精度的影响

深 度	AP/%	AP^s/%	AP^m/%	AP^l/%
C5	63.3	48.1	87.1	**91.2**
C4	**66.8**	52.4	**90.8**	91.0
C3	58.7	**54.3**	63.0	67.7
C2	27.9	34.8	28.2	23.8

不同尺度舰船目标关于卷积特征深度的特性如图 7-8 所示。可以发现，大中尺度的舰船目标在趋势上具有很强的相似性，而小目标与之相比具有很大的差异性。大中目标舰船在 C2 深度的卷积特征上的检测精度低于 30%，而小目标舰船在 C2 深度的卷积特征上的检测精度为 34.8%，要高于大中目标。大中目标的检测精度在卷积特征深度从 C2 增加到 C4 时是快速上升的，从 C4 到 C5 是微弱的上升或下降，而小目标的检测精度仅在 C2 到 C3 是上升，在 C3 达到高点后，C4 和 C5 缓慢回落。通过分析可以看到，检测大中型舰船目标更加依赖较深的卷积层特征，而检测小目标舰船目标更加依赖较浅的卷积层特征。换言之，卷积特征的深度对检测小目标舰船和非小目标舰船具有不一致性，这种不一致性会加剧小目标舰船检测精度远低于非小目标舰船的现象。并且可以确切地说，检测小目标比检测非小目标舰船困难的因素中，卷积特征深度关于目标尺度的不一致性的影响要大于卷积特征尺寸关于目标尺度的不一致性。

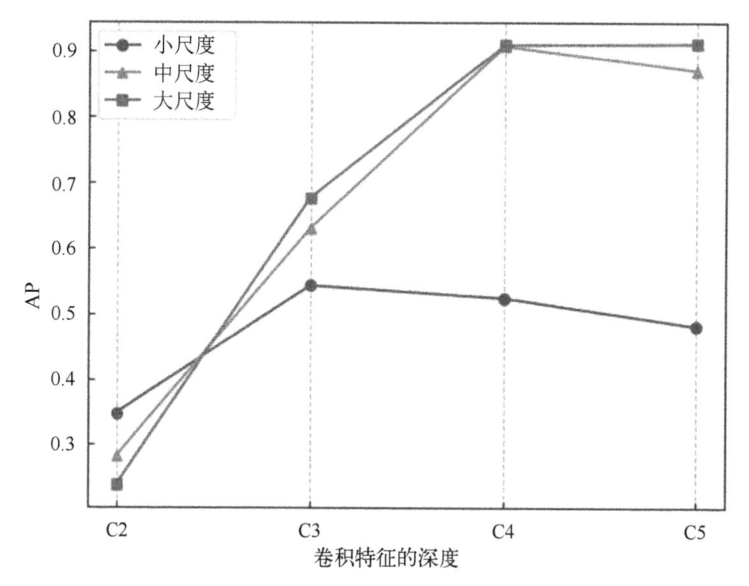

图 7-8　不同尺寸舰船目标的检测精度受卷积特征深度变化的影响曲线
（C2、C3、C4、C5 分别表示第 11 层、第 23 层、第 41 层、第 50 层输出的卷积特征）

从图 7-7 和图 7-8 可以观察到，不论是关于卷积特征的尺寸还是深度，大中型舰船目标的特性具有很强的相似性，而它们与小目标舰船的特性之间存在非常大的差异性或者说是不一致性。我们认为这种相似性和不一致性是由于卷积网络对不同尺度舰船目标的特征表达方式决定的。

经过研究得出结论：卷积网络主要通过提取纹理而不是其他形状或颜色特征识别物体。纹理可以用频谱特性表征，卷积神经网络前向过程就是多层的非线性激活滤波器。许多研究认为基于卷积神经网络的目标检测模型当中，浅层的特征具有更准确的细节信息，而深层的特征具有更丰富的语义信息。卷积网络的浅层提取的是感受野较小的细粒度纹理特征，深层提取的是感受野较大的粗粒度纹理特征。浅层的卷积特征更加细致，随着网络加深，卷积特征的表达越来越抽象。而小目标本身纹理信息稀疏，卷积神经网络只能依赖其在浅层提取的纹理特征模式进行检测。大中型目标本身纹理信息丰富，卷积神经网络只有在较深层才能获得它们合适的特征表达。而在深层卷积特征当中，它对小目标的特征表达会过于抽象。因此，小目标舰船使用较浅层的卷积特征比使用深层的卷积特征的检测结果更好，而大中尺度舰船只有使用深层卷积特征根才能获得最优的检测效果。我们认为大中尺度舰船目标在卷积特征的表达中具有相似性，而小目标舰船则与非小目标舰船在卷积特征表达中存在不一致性。这种相似性和不一致性是由卷积神经网络的内在工作方式导致的，可以看作是不同尺度舰船目标的内在特性。

7.2.4 卷积特征的融合机制对多尺度舰船目标检测的影响

前面两小节分别探究了不同尺度的舰船目标的检测精度关于卷积特征的尺寸和深度的特性。通过前面的试验和分析发现：大型和中型尺度的舰船目标之间具有一定的相似性，而它们与小目标舰船之间存在不一致性。这种相似性和不一致性与主干网络卷积特征图的尺寸和深度有关，同时依赖于卷积神经网络对不同尺度舰船目标的特征表达机制。以上内容探讨的是基础网络单层卷积特征对不同尺度舰船目标检测性能的影响，本小节探讨基础网络的多层特征单向融合后对不同尺度舰船目标检测效果的影响。

卷积特征图融合操作有两种：逐元素相加和沿通道拼接。按照融合和预测的先后顺序，可以分为早融合（Early Fusion）和晚融合（Late Fusion）。早融合是指多层特征融合为单层特征，在融合后的单层特征上进行预测。晚融合是指使用多个不同层次的卷积特征图进行预测，将多层特征的检测结果进行融合。晚融合又可以分为两类：第一类是直接使用基础网络提取的多层特征进行预测，将多层预测结果融合得到最终结果，如 SSD；第二类是将基础网络提取的多个特征图融合后获得金字塔结构的多层融合特征，在多层融合特征的预测结果上进一步融合，获得最后的结果，FPN 和 PAN 是最典型的代表。

特征金字塔融合采取的是逐层传递、渐次融合的方式，融合前后具有相同数量的特征层，并且对应层次的特征图具有相同的分辨率。特征金字塔有两种融合路径：自顶向下和自底向上。图 7-9（a）表示了自顶向下的金字塔融合方式，左边是基础网络提取的 4 层张量组成的特征金字塔，分别为 $C_n(n \in 2,3,4,5)$，右边是融合后的特征金字塔，分别为 $P_n(n \in 2,3,4,5)$。在融合操作之前，会使用 1×1 卷积将 4 层基础网络的特征张量转换为相同的通道数 N，一般设置 N=256。自顶向下融合方式从 C5 开始，C5 经过 1×1 卷积后得到 I5，I5 直接进入一个 3×3 卷积层得到 P5。对 I5 上采样并与 C4 经过 1×1 卷积后的结果逐元素相加得到 I4，I4 经过一个 3×3 卷积层后得到 P4。对 I4 上采样使其尺寸放大 1 倍，将其结果与 C3 经过 1×1 卷积后的张量逐元素相加得到 I3，I3 经过一个 3×3 卷积层后得到 P3。对 I3 上采样放大尺寸，将其结果与 C2 经过 1×1 卷积后的张量逐元素相加得到 I2，让 I2 经过一个 3×3 卷积层后得到 P2。通过观察自顶向下路径的金字塔融合操作过程可以发现各层融合特征具有不均等性。P5 并没有融合其他层的卷积特征，它就是 C5 经过 2 层卷积网络的结果。P4 仅融合了 C4 和 C5 两层卷积特征。C4 和 C5 经过 I4 最终传递给 P4，但是 C5 经过 I5 和上采样后才传递给 I4，I5 在上采样时会损失一定信息，C4 经过一层步长为 1 的卷积直接传递给 I4，因而融合特征 P4 中获得的 C4 的信息要强于 C5。P3 融合了 C3、C4 和 C5 三层卷积特征。C4 和 C5 经过 I4 和上采样后才传递给 I3，与此同时 I3 融合了 C3 传递来的特征信息。由于 I4 经过了上采样而 C4 未经缩放，因而融合特征 P3 中获得 C3 的信息要强于 C4，C4 要强于 C5。只有 P2 融合了 C2、C3、C4 和 C5 全部四层的卷积特征。融合了 C3、C4 和 C5 特征的 I3 经过上采样后传递到了 I2，与此同时 I2 融合了 C2 传递来的信息，与前面类似，融合特征 P2 中获得的 C2 的信息强于 C3，C3 的信息强于 C4，C5 的信息最弱。图 7-9（b）表示了自底向上的金字塔融合方式，与自顶向下方式相同，左边是基础网络提取的 4 层张量组成的特征金字塔，分别为 $C_n(n \in 2,3,4,5)$，右边是融合后的特征金字塔，分别为 $P_n(n \in 2,3,4,5)$。同样，在融合操作之前会使用 1×1 卷积将 4 层基础网络的特征张量转换为相同的通道数 N=256。不同的是自底向上融合方式从 C2 开始，逐渐地向上面每层传递。具体来说，C2 经过一个 1×1 卷积层得到 I2，紧接着 I2 经过一层 3×3 卷积得到 P2。将 I2 下采样放大尺寸后的结果与 C3 经过 1×1 卷积后的结果逐元素相加得到 I3，I3 经过一层 3×3 卷积得到 P3。将 I3 下采样后的结果与 C4 经过 1×1 卷积后的结果逐元素相加得到 I4，I4 经过一层 3×3 卷积得到 P4。将 I4 下采样后的结构与 C5 经过 1×1 卷积后的结果逐元素相加得到 I5，I5 经过一层 3×3 卷积得到 P5。与自顶向下融合路径相同的，自底向上融合路径的各层融合特征也不具有均等性。与之不同的是，自底向上融合的特征金字塔中，P2 没有融合其他任何层的特征信息，它仅由 C2 经过 2 层卷积网络得到。P3 融合了 C3 和 C2 两层卷积特征。C2 通过 I2 下采样与 C3 融合得到 I3，也就是说 C2 和 C3 通过 I3 将融合信息传递给 P3。由于 I2 经过了下采样损失掉一定信息，因而 P3 中融合得到的 C3 的信息要强于 C2。与之类似，P4 融合了 C2、C3 和 C4 三层卷积特征，P4 中融合获得 C4 的信息强于 C3，C3 的信息强于 C2。只有 P5 融合了全部四层的卷积特征，其融合获得 C5 的信息强于 C4，C4 又强于 C3，C2 的信息最弱。

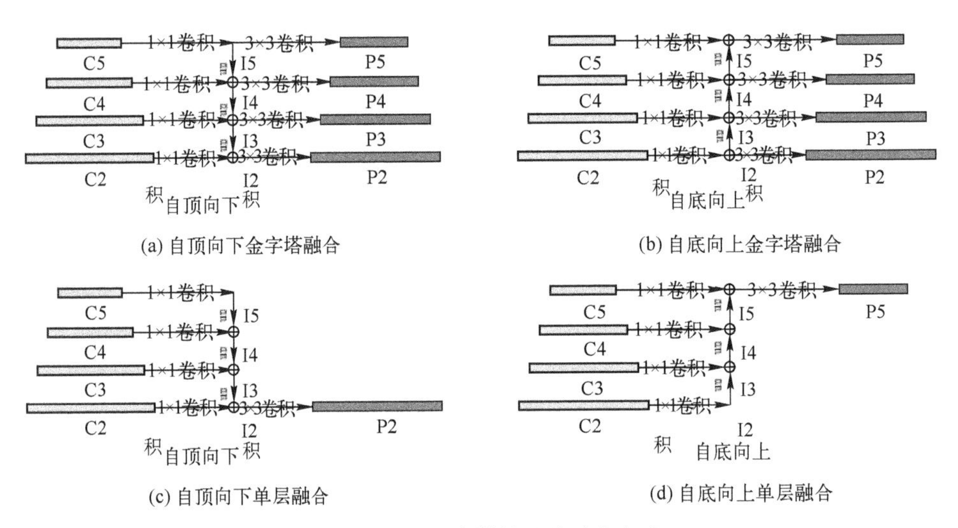

图 7-9　特征金字塔的两种融合方式

从以上内容可以知道，不论是自顶向下还是自底向上，只有融合路径最末端的融合特征张量接受了基础网络全部卷积特征的信息，融合路径后的融合网络特征不含有融合路径前的基础网络特征信息。并且融合特征中已获取的基础特征信息也并不均等，与融合特征对应的基础特征传递的信息最强；在融合路径上越靠前的基础特征传递的信息越弱。如果基础特征金字塔有 N 层，由浅至深分别记为 $C_0, C_1, C_2, \cdots, C_{N-1}$，则选择相邻两层或两层以上的基础特征融合为单层特征有 $\Gamma(N)$ 种方式，其中：

$$\Gamma(N) = N(N-1) \tag{7-2}$$

使用 ResNet50 的 4 层基础特征，则总共有 12 种融合方式。使用融合网络探究融合特征对不同尺度舰船目标检测精度的影响。为了消除卷积特征尺寸的影响，将融合网络输出的特征经过若干转置卷积放大为统一尺寸。在研究融合特征对小目标舰船检测精度的影响时，将融合特征放大为 1，试验结果如表 7-3 所列。

通过观察表 7-3 可以看出，检测小目标舰船效果最好的是选择 C3、C4 和 C5，并采用自顶向下路径的融合特征。除了 C2 和 C3 的组合，其他组合的融合特征都是自顶向下路径的结果优于自底向上路径。自顶向下路径的融合方式中，融合特征中获得的较低层信息强于较高层，因而其主要的信息成分与参与融合的最低层的特征最接近，而自底向上的融合方式中，融合特征中获得的较低层信息弱于较高层，因而其主要的信息成分与参与融合的最高层的特征最接近。并且，使用较浅层的卷积特征检测小尺度舰船目标具有更好的精度。所以自顶向下路径比自底向上路径在检测小目标舰船时结果更优。但是，在仅有C2和C3两层特征参与融合时，自顶向下路径得到特征P2的主要成分是C2，自底向上路径得到特征P3的主要成分是C3。而检测小目标舰船最依赖C3层的信息，所以此时自底向上路径反而比自顶向下路径的检测结果更好。在所有融合方式中，选取C3、C4和C5以自顶向下路径融合得到的结果最优，甚至优于全部特征融合的检测结果。这是因为在自顶向下路径的前提下，C3、C4、C5的融合特征主要成分最接近C3，而C2、C3、C4、C5的融合特征主要成分最接近C2，而单层特征情况下C3的结果优于C2。同样使用自顶向下路径，C2、C3、C4、C5全部融合的结果比C2、C3、C4三层融合的结果好，我们推测C5参与融合后增强了特征的语义信息。

表7-3 不同融合方式对小尺度舰船的检测结果

融合方式	自顶向下/%	自底向上/%
C2+C3	55.2	56.8
C3+C4	56.1	53.7
C4+C5	52.7	48.4
C2+C3+C4	56.3	53.1
C3+C4+C5	**61.2**	51.3
C2+C3+C4+C5	59.8	50.7

表7-4是不同融合方式对中型舰船目标的检测结果。通过观察可以发现，在所有组合方式中，使用自底向上的融合路径比自顶向下路径的检测结果更好。这是因为，自顶向下路径融合特征的主要成分靠近最低层的单层特征，而自底向上路径融合特征的主要成分与最高层的特征相近，检测中型舰船目标主要依赖于高层特征。在使用自底向上的融合方法中，C2、C3、C4融合特征的检测结果最优，它要优于C2、C3、C4、C5四层全部融合检测结果。这有两方面的原因：一方面C2、C3、C4融合特征的主要成分接近C4，而全部四层融合特征的主要成分接近C5，而C5已经处于过拟合状态，并且四层融合特征中C4的成分弱于C2、C3、C4三层融合特征中C4的成分；另一方面，C2、C3、C4融合特征中C2衰减了2次，C3衰减了1次，而C2、C3、C4、C5融合特征中C2衰减了3次，C3衰减了2次。故C2、C3、C4融合特征中的浅层信息强于C2、C3、C4、C5融合特征的浅层信息。此时C2和C3的浅层信息比C5

更有助于提高融合特征对中型舰船的检测能力。这也可以合理解释 C2、C3、C4、C5 融合特征的检测效果好于 C3、C4、C5 融合特征。

表 7-4 不同融合方式对中尺度舰船的检测结果

融合方式	自顶向下/%	自底向上/%
C2+C3	52.3	63.7
C3+C4	78.4	89.5
C4+C5	88.3	87.6
C2+C3+C4	58.7	**90.1**
C3+C4+C5	76.2	89.3
C2+C3+C4+C5	62.3	89.9

表 7-5 是不同融合方式对大型舰船目标的检测结果。观察两列可以发现，自底向上融合路径比自顶向下融合路径的检测结果更好。这与检测中型舰船目标的规律相同。其原因也是相似的，模型在检测大型舰船目标时主要使用高层的 C4 和 C5 特征。可以注意到选择 C3、C4、C5 三层特征采用自底向上路径的融合特征检测大尺度舰船效果最优，但是仅仅略微好于 C2、C3、C4、C5 全部融合检测的结果。与此同时，C2、C3、C4、C5 融合特征对大型舰船目标的检测效果与 C2、C3、C4 融合特征相比又有明显提升。我们认为这是因为融合特征检测大尺度舰船主要依赖 C4 和 C5 两个高层特征。浅层特征只有 C3 对融合特征检测大型目标舰船有提升，C2 还会导致性能下降。C3、C4、C5 融合特征的检测结果明显好于 C4、C5 融合特征，这可以增强前面的结论。

表 7-5 不同融合方式对大尺度舰船的检测结果

融合方式	自顶向下/%	自底向上/%
C2+C3	0.591	0.638
C3+C4	0.732	0.893
C4+C5	0.919	0.906
C2+C3+C4	0.657	0.902
C3+C4+C5	0.864	**0.917**
C2+C3+C4+C5	0.786	0.914

7.3 试验结果与分析

7.3.1 海面小目标检测

通过基于样本集的模型大规模训练与调优，针对船只、无人机和飞鸟 3 个目标进行同步检测并输出检测结果。

对海面图像样本集进行了测试，得到的海面小目标的检测指标结果如表 7-6 所列。

表 7-6 海面小目标检测综合性能表

查准率	查全率	mAP	检测速率/fps
0.926	0.861	0.94	25

模型在测试集上测试的效果如图 7-10~图 7-17 所示。模型运行在试验室视频分析服务器。

图 7-10 海面小目标检测效果图（一）

图 7-11　海面小目标检测效果图（二）

图 7-12　海面小目标检测效果图（三）

图 7-13　海面小目标检测效果图（四）

图 7-14　海面小目标检测效果图（五）

图 7-15　海面小目标检测效果图（六）

图 7-16　海面小目标检测效果图（七）

图 7-17　海面小目标检测效果图（八）

7.3.2　空中小目标检测

通过基于样本集的模型大规模训练与调优，针对无人机和飞鸟目标进行同步检测并输出检测结果。目标检测模型采用 PyTorch 实现，环境要求如表 7-7 所列。

表 7-7　环境配置表

环　境	版　本
操作系统	Ubuntu18. 04
深度学习框架	PyTorch
图像处理工具包	Opencv
编程语言	PyTorch
显卡	2080
深度学习加速库	CUDA，cudnn

在训练前，首先将数据封装成 PASCAL VOC 格式，然后运行 voc_label. py 方便网络读取，训练过程中参数选取如表 7-8 所列。

表 7-8　参数配置表

参　数	取　值
批大小	4
图像高	1280
图像宽	1280
通道数	3
动量参数	0. 937
权重衰减正则项	0. 0005
随机旋转图像增强	0
饱和度图像增强	0. 6
曝光度图像增强	0. 3
色调图像增强	0. 02
学习率	0. 001
迭代轮数	100

对包括空中目标无人机、飞鸟的测试图像集进行了测试，得到的各个目标指标结果如表 7-9 所列、整体指标如表 7-10 所列。

表 7-9　空中小目标检测单项数据表

关键目标	查准率	查全率	mAP
无人机	0.967	0.943	0.975
飞鸟	0.837	0.87	0.907

表 7-10　空中小目标检测综合性能表

查准率	查全率	mAP	检测速率/fps
0.902	0.9065	0.941	25

模型在测试集上测试的效果如图 7-18～图 7-23 所示。模型运行在试验室视频分析服务器。

图 7-18　空中小目标检测效果图（一）

图 7-19　空中小目标检测效果图（二）

图 7-20　空中小目标检测效果图（三）

图 7-21　空中小目标检测效果图（四）

图 7-22　空中小目标检测效果图（五）

图 7-23　空中小目标检测效果图（六）

参考文献

[1] 高新波，莫梦竟成，汪海涛，等．小目标检测研究进展［J］．数据采集与处理，2021，36（3）：27.

[2] 刘颖，刘红燕，范九伦，等．基于深度学习的小目标检测研究与应用综述［J］．电子学报，2020，48（3）：12.

[3] 宋腾飞．基于深度学习的视频小目标检测及目标属性识别研究与系统实现［D］．浙江工商大学，2019.

[4] 张恒，胡文龙，丁赤飚．一种自适应学习的混合高斯模型视频目标检测算法［J］．中国图象图形学报，2010（4）.

[5] 李君宝，杨文慧，许剑清，等．基于深度卷积网络的 SAR 图像目标检测识别［J］．导航定位与授时，2017，4（1）.

[6] 施泽浩，赵启军．基于全卷积网络的目标检测算法［J］．计算机技术与发展，2018，28（5）：4.

[7] 周兵，李润鑫，尚振宏，等．基于改进的 Faster R-CNN 目标检测算法［J］．激光与光电子学进展，2020，57（10）：105-112.

[8] 周晓彦，王珂，李凌燕．基于深度学习的目标检测算法综述［J］．电子测量技术，2017，40（11）：5.

[9] 吴帅，徐勇，赵东宁．基于深度卷积网络的目标检测综述［J］．模式识别与人工智能，2018，31（4）：12.

[10] 朱杰．基于 YOLO 的图像目标检测算法研究［D］．西宁：青海师范大学，2023.

[11] 杨启睿，夏思宇，王田浩，等．一种基于 YOLO 目标检测算法的水上交通违章行为检测方法：中国，202110769368.4［P］．2023-07-04.

[12] 朱瑞鑫，杨福兴．运动场景下改进 YOLOv5 小目标检测算法［J］．计算机工程与应用，2023，59（10）：196-203.

[13] 蔡汉明，赵振兴，韩露，等．基于 SSD 网络模型的多目标检测算法［J］．机电工程，2017，34（6）：4.

[14] 叶钊．目标检测技术研究进展［C］//中国计算机用户协会网络应用分会 2019 年第二十三届网络新技术与应用年会．论文集，2019.

[15] 刘晋川，黎向锋，刘安旭，等．改进 Faster R-CNN 网络的航拍小目标检测研究［J］．电子设计工程，2022（015）：030.

[16] 于敏，屈丹，司念文．改进的 RetinaNet 目标检测算法［J］．计算机工程，2022（008）：048.

[17] 张艳，孙晶雪，孙叶美，等．基于分割注意力与线性变换的轻量化目标检测［J］．浙江大学学报（工学版），2023（06）：1-10.

[18] Girshick R .Scale - aware Fast R - CNN for Pedestrian Detection [J]. Computer Science, 2015.

[19] Ren S, He K, Girshick R, et al. Faster R-CNN: Towards Real-Time Object Detection with Region Proposal Networks [J]. IEEE Transactions on Pattern Analysis & Machine Intelligence, 2017, 39 (6): 1137-1149.

[20] YU Y, ZHANG J, HUANG Y, et al. Object detection by context and boosted HOG-LBP [J]. European conference on computer vision workshop on PASCAL VOC, 2010.

[21] KRIZHEVSHY A, SUTSKEVER I, HINTON G E, et al. Imagenet classification with deep convolutional neural networks [J]. Commun ACM, 2017, 60 (6): 84-90.

[22] GIRSHICK R, DONAHUE J, DARRELL T, et al. Rich feature hierarchies for accurate object detection and semantic segmentation [C]// Proceedings of the IEEE conference on computer vision and pattern recognition, 2014: 580-587.

[23] REDMON J, DIVVALA S, GIRSHICK R, et al. You only look once: unified, real-time object detection [C]//Proceedings of the IEEE conference on computer vision and pattern recognition, 2016: 779-788.

[24] HE K, GKIOXARI G, DOLLAR P, et al. Mask R-CNN [C]//Proceedings of the IEEE international confer-ence on computer vision, 2017: 2980-2988.

[25] HE K M, ZHANG X Y, REN S Q, et al. Spatial pyramid pooling in deep convolutional networks for visual recogni-tion [J]. European conference on computer vision, 2014: 346-361.

[26] GIRSHICK R. Fast R-CNN [C]// Proceedings of the IEEE international conference on computer vision, 2015: 1440-1448.

[27] REN S Q, HE K M, GIRSHICK R, et al. Faster R-CNN: towards real-time object detection with region proposal networks [C]// Advances in neural information processing systems, 2015: 91-99.

[28] LIU W, ANGUELOV D, ERHAN D, et al. SSD: single shot multibox detector [J]. European conference on computer vi-sion, 2016: 21-37.

[29] Kirillov A, He K, Girshick R, et al. Panoptic Segmentation [J]. 2018. DOI: 10.48550/arXiv.1801.00868.

[30] REDMON J, FARHADI A. YOLO9000: better, faster, stronger [C]//Proceedings of the IEEE conference on com-puter vision and pattern recognition, 2017: 6517-6525.

[31] REDMON J, FARHADI A .YOLOv3: An Incremental Improvement [J]. arXiv e-prints, 2018.

[32] JOCHER G, STOKEN A, BOROVEC J, et al. YOLOv5: V3.1-bug fixes and performance improvements [EB/OL]. 2020.

[33] ZEILER M D, FERGUS R. Visualizing and understanding convolutional networks [J]. European conference on com-puter vision, 2014: 818-833.

[34] SIMONYAN K, ZISSERMAN A. Very deep convolutional networks for large-scale image recognition [C]//International conference on learning representations, 2015.

[35] SZEGEDY C, LIU W, JIA Y Q, et al. Going deeper with convolutions [C]// Proceedings of the IEEE conference on computer vision and pattern recognition, 2015: 1-9.

[36] IOFFE S, SZEGEDY C. Batch normalization: accelerating deep network training by reducing internal covariate shift [J]. International conference on machine learning, 2015: 448-456.

[37] IANDOLA F N, HAN S, MOSKEWICZ M W, et al. Squeezenet: alexnet-level accuracy with 50x fewer parameters and < 0. 5 mb model size [J]. International conference on learning representations, 2016.

[38] IOFFE S, SZEGEDY C . Batch Normalization: Accelerating Deep Network Training by Reducing Internal Covariate Shift [J]. JMLR. org, 2015.

[39] SZEGEDY C, VANHOUCKE V, IOFFE S, et al. Rethinking the Inception Architecture for Computer Vision [J]. IEEE, 2016: 2818-2826.

[40] SZEGEDY C, IOFFE S, VANHOUCKE V, et al. Inception-v4, Inception-ResNet and the Impact of Residual Connections on Learning. 2016 [2023-07-04].

[41] SERMANET P, NIGEN D, ZHANG X, et al. Over Feat: Integrated Recognition, Localization and Detection using Convolutional Networks [J]. Eprint Arxiv, 2013.

[42] Y Z Zhao, C Robert. Belief Propagation in a 3D Spatio-temporal MRF for Movirg Objelt Detection [C]. Proceedings of Computen Vision and Patlern Recognition, 2004: 261-268.

[43] Y Boykov, O Veksler, R Zabih. Fast Approximate Energy Minimization via Graph Cuts [J]. IEEE Transactions on Pattern Analysis and Machine Intelligence, 2001, 23 (11) 1222-1239.

(a) 原图

(b) 直方图均衡的结果

(c) retinex增强结果

(d) 本算法结果

图 4-9　彩色 couple 图像增强结果比对

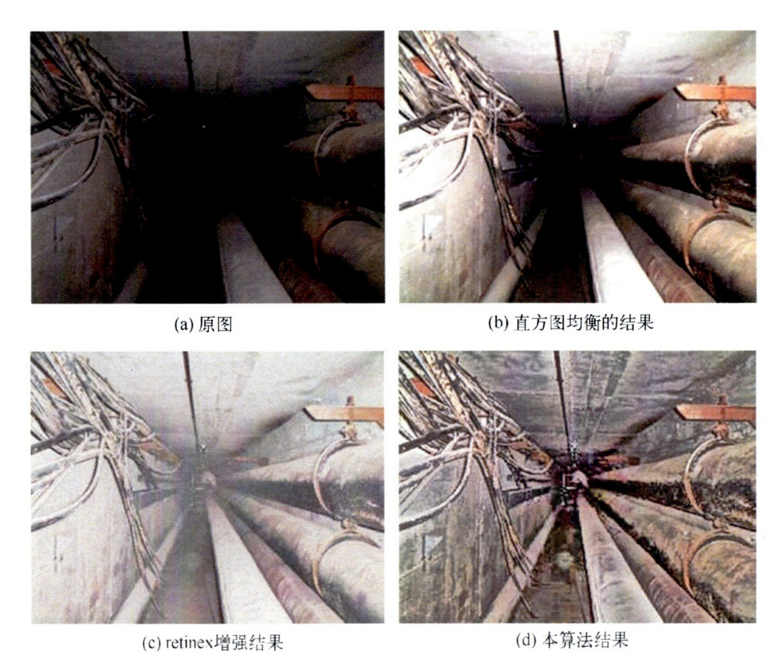

(a) 原图　(b) 直方图均衡的结果　(c) retinex增强结果　(d) 本算法结果

图 4-10　地下管道坑道图像增强结果比对

(a) 原图　(b) retinex增强结果　(c) 本算法结果

图 4-11　航拍图像增强结果比对

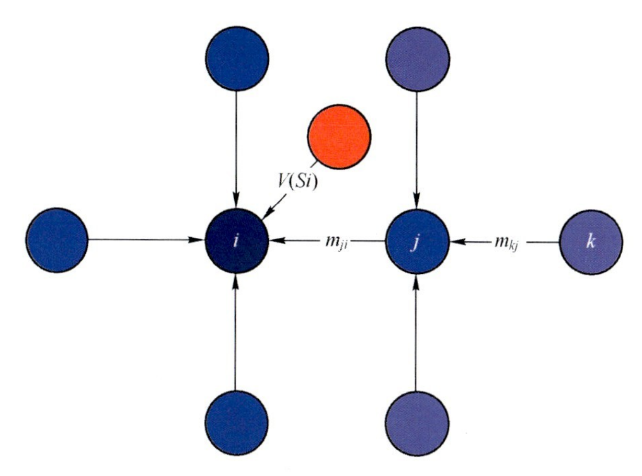

图 5-2　前景分割中使用的 MRF 邻域结构

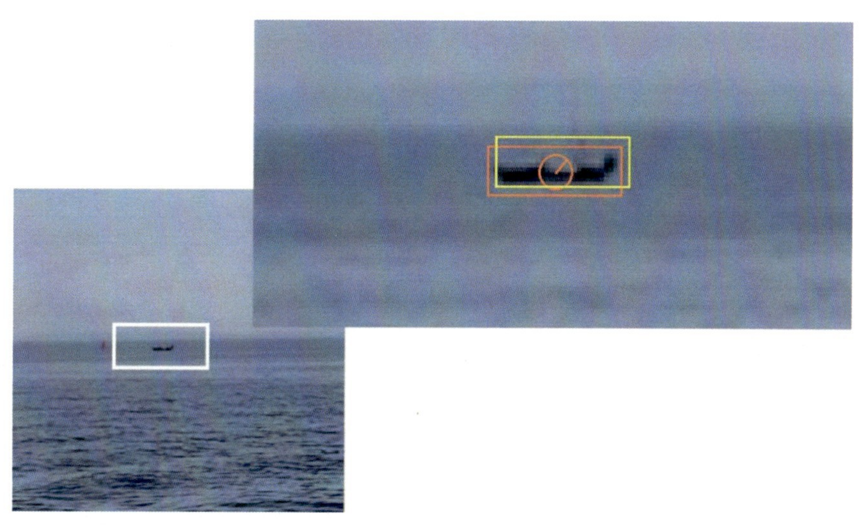

图 7-3　使用中心点的分布表示舰船的位置

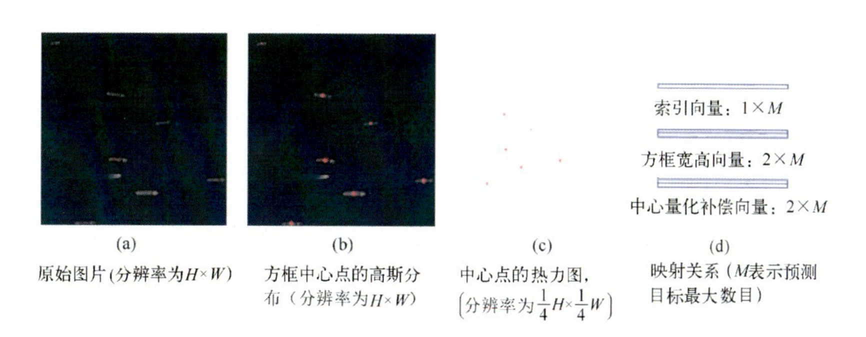

图 7-5　将标注数据转换为训练时所用的形式